Spiritual Culture
青心文化

荷欧波诺波诺
初体验

[美]伊贺列卡拉·修·蓝 Ihaleakala Hew Len,
[美]卡迈拉·拉斐洛维奇 Kamaile Rafelovich（KR）/著

曹莺/译

はじめての
ホ・オポノポノ

中国青年出版社

目 录

001 序　言
003 荷欧波诺波诺的传说

001 第一章·什么是荷欧波诺波诺?

002 来自古老夏威夷的问题解决法

004 –1 如何解决问题呢?
007 –2 当我们开始清理
010 –3 清理的构造体系
018 –4 真正的自己是什么?
020 –5 清理的方法是什么?
022 –6 开始清理吧!

023 最基本的清理工具

023 –1 四句话
027 –2 HA 呼吸法
032 –3 蓝色太阳水

　　035 －4 冰蓝

　　038 －5 取消 ×

　　039 －6 食物

　　043 －7 这样的清理工具有很多很多

046 本书特别公开的清理工具

　　046 柠檬柠檬

　　048 KR 女士的访谈

060 第二章・与内在小孩好好相处

　　061 倾听内在小孩的声音

　　062 与内在小孩连结

　　068 实践！与内在小孩好好相处的 7 个方法

　　073 总是和内在小孩在一起

　　　　——平良爱绫小姐的 24 小时清理时间

095 第三章·实践中！向荷欧波诺波诺的前辈们请教

  096 吉本芭娜娜小姐

  099 道端杰西卡小姐

  103 香川绘马小姐

  107 服部美莲小姐

  113 小柳丽莎小姐

117 体验谈

  117 我与荷欧波诺波诺的故事

  127 终于明白了！KR女士的烦恼解答室

  146 写在最后

序 言

阿啰哈（Aloha）！

"谢谢你，对不起，请原谅，我爱你。"

这四句话是清理所有造成问题的根源，让我们和真正完美的自己连结的神奇话语。

不管你在什么地方，不管你与谁在一起，这个从古代夏威夷一直流传下来的"荷欧波诺波诺"大我意识疗法，都会帮你在这个瞬间，跟你一起解决问题。

从这四句话里我们可以看到的是：

我们原本应该身处的完美世界。不论是我们的人际关系，我们的工作，我们的家庭，只要我们活出了真我，我们就会找回丰盛。这本书就是你和"荷欧波诺波诺"的一个初次相会。

来吧，请翻开这本书的第一页，开始你的旅程吧。

我的平和

修·蓝博士

荷欧波诺波诺的传说

你哭了吗?

是什么让你伤心了?

告诉你一件开心的事。

你知道荷欧波诺波诺吗?

当你困苦的时候,

它会带给你解决问题的、

不可思议的魔法般的力量。

很久很久以前,诞生在夏威夷的

荷欧波诺波诺,

它拥有这种美好的力量。

谢谢你,
对不起,
请原谅,
我爱你。

只要念这四句话,
你就可以回到真正的自己。

真正的自己,
究竟是怎样的呢?
当你回归到真正的自己的时候,
你就会发出属于你的光芒,
你会按自己的节奏、
自己的旋律来生活。
没有任何累赘,高效地,
时间、金钱都自由地,
健康而美丽、快乐地,
我们可以这样生活。

谢谢你,
对不起,
请原谅,
我爱你。

在心中默念这四句话,

就是"清理"。

在不断的清理当中,

被环境,被外界的信息所困扰的记忆,

记忆的重播,

或许让你感到痛苦。

那就请把这些痛苦的记忆也清理掉吧。

慢慢地你的心会变得更淳朴,变得更美好。

有一天你会听到一个心中的小孩子似的声音,

"这才是我真正想做的!"

这个小孩一样的声音的主人,

其实就是另外一个你自己。

他的名字叫作内在小孩。

内在小孩非常纯洁、脆弱,容易受伤,
你轻轻地跟他说话,不断地清理,
他才会放心地说出真心的话语。

当我们跟内在小孩和睦相处,
当我们能不断听到自己内心真正声音的时候,
就证明我们接近真正的自己了。

回归真实的自己,
就是引出真正的个性。

从一点点的小事开始,
试着清理吧。

谢谢你,
对不起,
请原谅,
我爱你。

这样不断重复,

你就会遇见真正的自己,

自由的世界就会展现在你眼前。

第一章·什么是荷欧波诺波诺?

来自古老夏威夷的问题解决法

莫娜·纳拉玛库·西蒙那（Morrnah Nalamaku Simeona, 1913—1992），夏威夷的传统治疗师[当地人称为"卡胡那·拉帕奥"(Kahuna Lapaau)]。将传统的荷欧波诺波诺发展成为"荷欧波诺波诺回归自性法"(SITH)。以SITH指导教育者的身份，前往全球的医院、大学、机关等地演讲，并曾三次受邀于联合国进行指导。1983年，获选为"夏威夷州宝"。

"荷欧波诺波诺"，如果你第一次听到这句话，可能会被它有趣的发音吸引。

荷欧波诺波诺是从几百年以前古老的夏威夷流传至今的解决问题的方法。

这个名字本身也蕴含着深刻的含义，比如"荷欧"是"目标、道路"的意思，"波诺波诺"是"完美"的意思。也就是说把问题修正到正确的道路上去，找到解决问题的完美方法。

夏威夷土著在自己的族人之间产生问题的时候，会在仲裁人的帮助下，一起彻底地讨论并解决问题。那时解决问题的实质性的方法就是"荷欧波诺波诺"。

所谓解决问题的实质性方法，并不是说单纯地就某个问题找一个具体的相关策略，而是让人与人的心在真正意义上再次取得和平。

这本书介绍的"荷欧波诺波诺"也就是自我意识的疗愈。透过"荷欧波诺波诺"进行自我意识的疗愈，英文的简写是SITH。作为夏威夷的人间州宝，传统医疗的代表人和专家，已经去世的莫娜女士用"古代荷欧波诺波诺"这种方法净化自己，后来又以"古代荷欧波诺波诺"为基础创建了新方法并且传承至今。"古代荷欧波诺波诺"就是好几个人一同商量，通过讨论来解决问题。而莫娜女士的这个新方法以古老的传统为基础，不需要依赖他人而是关注自己的内在，用自己的力量去寻找这个已经在我们内心的答案，从而找到解决问题的方法。这个方法非常简单，非常容易实践。你不用烦恼也不用有任何顾虑！

对任何人都有效是这个方法的巨大魅力所在。

如何解决问题呢？

不用烦恼，不用思考就能解决问题，
这就是荷欧波诺波诺拥有的神奇。

我们人类不能心想事成的原因是记忆

荷欧波诺波诺这种解决问题的方法到底是怎样的一种方法呢？

它的关键在于我们的潜意识。潜意识就是我们的意识最深层的地方，也可以称作无意识的部分。

荷欧波诺波诺告诉我们，人类没有办法按照自己想象的那样去生活，是因为我们的潜意识当中有太多的记忆。

记忆并不单纯指自己从幼年到现在的人生的回忆或是心灵创伤，而是指宇宙自诞生以来包罗万象的所有生灵体验过的记忆的总和。

在生活中，通常人们不会意识到自己的潜意识。可是在我们的记忆当中有成见、价值观、偏见、不安、悲伤、愤怒、喜悦等各种各样的感情。比如：痛苦的记忆会变成心灵的创伤，美好的记忆会变成执着，记忆就如此这般地妨碍我们正确地判断事物。

所有的问题都是自己的责任

简单来说，发生在我们身边的所有事情，好或不好，都是在遥远的过去我们所体验的记忆的再生。这一点对于理解荷欧波诺波诺有着非常重要的意义。

通常发生问题的时候，我们会向外寻找"犯人"，寻找原因。可是荷欧波诺波诺的理解是：我们应该在自身寻找原因，哪怕我们周围的人身上发生的事情也全部都是我们的责任。

为什么这样说呢？如果一件事情发生在别人身上，我们看见了这件事或听说了这件事，我们就会对这件事情抱有感情。比如当你听说朋友失恋的时候，你会觉得"好可怜呀"，这种感情就会以记忆的形式储存在你的潜意识里。只要你不去消除这种感情，这种感情会一次又一次地出现在你面前。

在意识层面你可能会怀疑，可是我们潜意识最深处是全部连结在一起的。所以我们自身以外的人经历过的事情，也与自己的记忆一样。

于是在不知不觉中，我们时时刻刻被这些记忆困扰。我们如果想心想事成，就需要把潜意识里的这些记忆释放掉。而这个释放记忆的方法就是清理。

当我们开始清理

你有过灵感降临的瞬间吗?
如果你持续不断地清理,你就会与美好的光相遇。

清理的含义是?

当我们在清理的时候,有很多清理的工具可以使用。这些清理的工具有的是语言,有的是图像、植物或者是吃的东西。最具代表性的清理工具就是"谢谢你,对不起,请原谅,我爱你"这四句话。只需念这四句话,记忆就会瞬间被清理。

大家开始清理的时候,常常会问:"为什么说这四句话记忆就会被清理掉呢?""为什么吃草莓记忆就会被清理掉呢?"你会想要找到其中的含义。其实知道这些并没有太多意义。

你相信也好,不相信也罢。只要清理就会自动把记忆消去。

即使你半信半疑地清理也可以。因为突然有一天你会觉得心里一下子变轻松了，或者一直困扰着你的事忽然没有那么重要了，又或者是你会发现问题开始往好的方向发展了。

谁都可以体验灵感

为什么这样说呢？因为原本任何人都具有接收灵感的能力。

我们通常都处在记忆的泥潭中，有些时候我们会在混沌的记忆当中感到一束光照了进来，这就是灵感之光。比如你只是不经意间在书架上拿了一本书，却发现这本书正好有你需要的内容。这就是灵感之光降临在你身上的一个表现。

再比如有时你会不经意想起，"她（他）最近过得还好吗？"接着你们就会在街边偶遇，又或许是她（他）突然打电话给你。也许你有过类似的经历。这些对你来说都是灵感的降临，都是完美的瞬间。以上的清理工具也是由灵感带来的存在。所以无法用逻辑去说明。

当我们不断地清理，不断获得灵感的时候，你就会达到一种状态："无须刻意去期望，必要的东西会自动出现在你面前。"

比如你想："我想吃苹果。"但你完全不用特地去超市买苹果，你的门铃会响起，快递送来了苹果。

你也许会觉得"这种事怎么可能发生"！你无法注意到这种完美的时刻，因为你的潜意识被记忆塞得太满了。

从另一方面来说，灵感会降临在我们身上是因为我们身上有一个光辉而神圣的存在。这个存在叫作"神性"。

3 清理的构造体系

如果持续清理,我们的意识当中
会发生怎样的变化?
让我们来看一下清理的构造体系。

三个自我与神性

在此就我们的意识做个说明。

我们的心里有称作自己的三个意识。在荷欧波诺波诺中,我们的自我就像第12页这张图一样呈一个金字塔形。最下面这部分是潜意识,也叫作内在小孩;在这之上是我们的意识,夏威夷语也叫作吾哈内;再上面是超意识,夏威夷语叫作奥玛库阿;最上面是神圣的存在,指的是神和宇宙,和大自然及生命的本源。

我们无法按照自己想象的那样去生存,原因在于我们的潜意识,也就是内在小孩里堆积的记忆。

大多数人在日常生活中，只能认识到自己的意识。我们所有的问题以及我们的各种感情都是由内在小孩所表现出来的。内在小孩保管着自创世和宇宙诞生以来的所有记忆。他就像一个数据储存库一样把大量的记忆保存起来，只要这些记忆一天没得到清理，它们就会不断地重现。

举个例子，如果我们的衣橱已经堆满而不去整理，又不断买新衣服的话会怎么样呢？我们肯定连衣橱的门都关不上，衣服肯定都会溢出来。这样我们就不会知道每件衣服的正确位置。我们的心也是如此，各种感情和记忆全部堆积在里面没有得到清理的话，我们的心会变得越来越重，问题的解决也会变得越来越困难。

我的意识是如何组成的
三个自我及神圣的存在

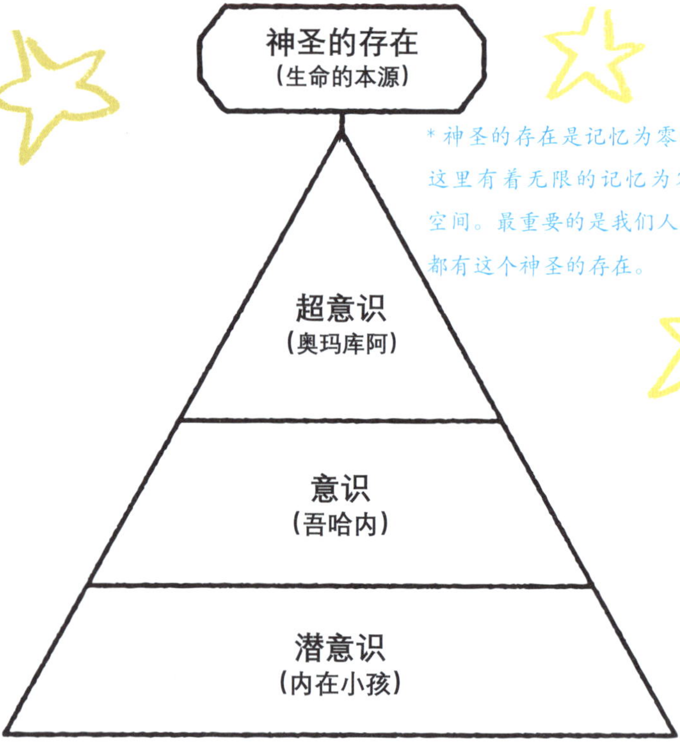

- 神圣的存在（生命的本源）

* 神圣的存在是记忆为零的空间。这里有着无限的记忆为零的自由空间。最重要的是我们人类的心中都有这个神圣的存在。

- 超意识（奥玛库阿）
- 意识（吾哈内）
- 潜意识（内在小孩）

清理等于照顾内在小孩

请看第15页图，这个图反映了清理前的三个自我的状态。如果有太多记忆储存在内在小孩里面，他会非常痛苦。

关于内在小孩，我们会在下一章详细谈到。我们应该怎样去照顾内在小孩，让他变得轻松一点呢？唯一的方法就是持续地清理，清理是解决问题的第一步。

能够让清理开始的是我们的日常可以认识到的意识，意识通过不断清理来照顾内在小孩，是像妈妈一样的存在。

表意识把清理的意志传给内在小孩，内在小孩就会传递给我们的超意识。

超意识就像是内在小孩的爸爸，是唯一可以跟神圣的存在进行连结的人。他把从内在小孩那里得到的清理的意志传递给神圣的存在。神圣的存在得到清理的意志之后，就会删除记忆。

清理的意志是按照"意识→内在小孩→超意识→神圣的存在"这样的顺序来传递的,这样记忆就被消除了。

可是不管我们多么努力地去清理,记忆完全被净化是不可能的。只要我们存在一天,清理就需要不停地持续下去。

同时不管什么时候都不要忘记现实生活中的对应。并不是说我们只要清理了就不会发生不好的事情,就好像我们生病了还是要去医院治疗;如果遇到犯罪,还是要寻求警察的帮助;等等。

不过只要清理成为我们的习惯,我们就可以把一些不必要的突发问题防患于未然。我们可以得到最好的解决问题的方法。

如果我们想从所有问题当中真正地解放出来,就不要过分地烦恼和思虑。因为这些都会变成记忆蓄积起来,再次让内在小孩痛苦。所以我可以很明确地告诉大家,烦恼、思虑都是不必要的多余行为。

与其每天烦恼,不如每天清理,消除蓄积于内在的记忆。

当记忆重播的时候,意识、内在小孩、超意识是一个分离的状态。内在小孩的声音无法到达意识,意识也没有去倾听内在小孩的声音。

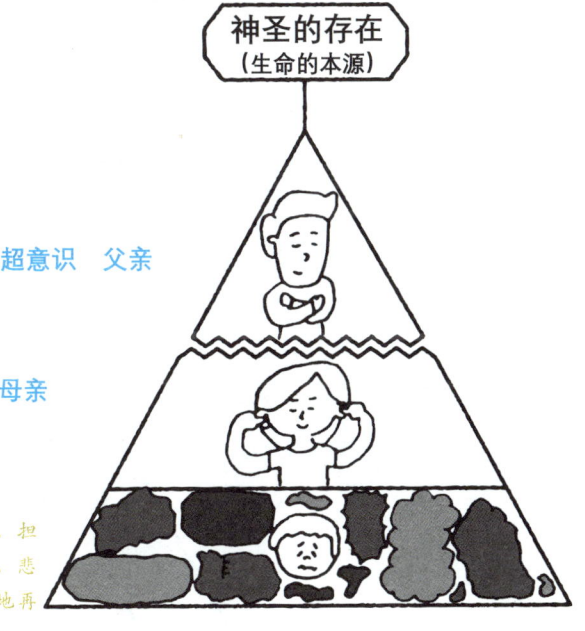

清理前
三者分离,心灵也缺乏平衡

神圣的存在
(生命的本源)

超意识　父亲

意识　母亲

内在小孩　孩子

不安、执着、生气、担心、欲望、想太多、悲伤,内在小孩不停地再生记忆、请求帮助。

超意识里既没有在潜意识里有的记忆,也没有意识里有的那种觉知。既无法感知意识层面发生了什么,也无法提供帮助。

神圣的存在没有得到从超意识传来的清理的意志,也不会有灵感降临。

清理之后

神圣的存在
(生命的本源)

如果持续清理,内在小孩就会得到自由,我们就会从神圣存在得到无穷的灵感,人生会自由地流淌。必要的东西会在必要的时间来到我们身边。一旦发生问题也能顺利解决,从而得到好的结果。我们也能散发出生命原本的光辉。

①
意识开始清理

②
内在小孩把清理记忆的意志传给超意识

③
超意识把清理的意志传给神圣的存在

④
神圣的存在消去记忆，灵感降临
灵感具有实现你潜意识中愿望的力量

4 真正的自己是什么?

当不断清理的时候,我们就会遇见真正的自己,拥有自由。

零=真正的自己

当我们的心灵充满记忆的时候,就好像玻璃罩上了一层阴影。

我们的心灵如果被阴影笼罩,就算神圣的存在想要给我们灵感,我们也感受不到。阴影越厚,我们就离光越远。

所以我们要不断清理,把阴影去除掉,这样我们才能沐浴在光里。

当我们不断地清理,意识就会越来越接近零的状态,归零的感觉就类似于佛教所说的空的境界。这样说会比较容易理解吧。

归零的状态才是真正的自己。当自己为零的时候,你就没有期待,没有执着,从繁多的价值观中解放了出来,自由地

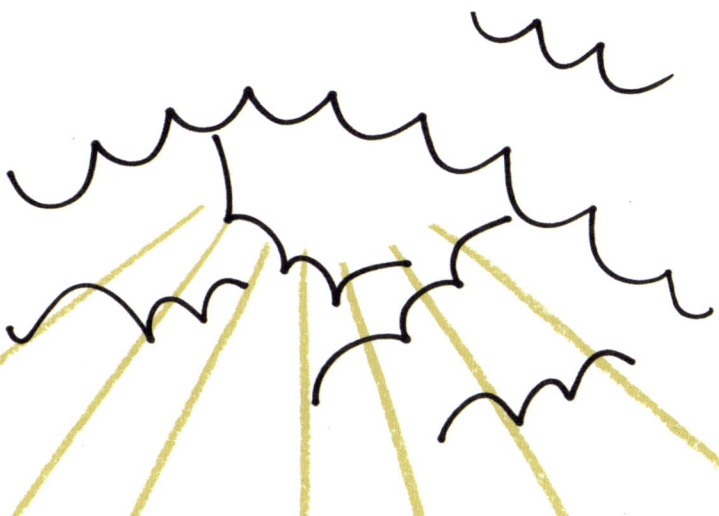

生存。

　　这个越接近零的状态,就越是"荷欧波诺波诺"的理想状态。

　　当心灵笼罩阴影的时候,我们没有办法得到真正的幸福。当我们持续清理,使心灵之窗保持洁净透明的时候,我们才能找回本源,找到真正的自己,找到通往幸福的道路。

5 清理的方法是什么?

潜意识在每一个瞬间都不停地重播那些跨越几个世纪一直存留下来的庞大记忆。就是这个瞬间也没有停息,让我们立刻开始清理吧。

不期待

清理的做法非常简单。当我们遇到难题的时候,马上意识到"这只是记忆的重播",并开始跟内在小孩说话就可以了。

然后默念这四句话——"谢谢你,对不起,请原谅,我爱你"。

当你这样做的时候,内在小孩就会去找到造成这个问题的记忆,神圣的存在就会执行这个清理。

要提醒大家注意的是,在清理的时候不要期待成果。

不能有类似"我一定要成功""我希望早点找到工作""让那个人赶快从我面前消失吧"这样一厢情愿的期待和愿望。因为这只会造成多余的记忆而已。

"只要清理了就万事大吉",这种对清理的期待,是最需要得到清理的记忆。"我非常努力地清理,可是完全没有成果",这样焦虑的人也很常见。"只要努力就有成果"这种想法以及焦虑也会产生新的记忆。就算是为了帮助为病痛所苦的人的祈祷也是一样。

原本只要清理,人就是完美的存在。不用企盼,不用期望,原本的能力得到展现,事情就会往好的方向发展。

清理不是祷告愿望的实现,而是回归原本的自己。

真正的自己是一种心灵不被任何东西牵绊,自由的零的状态。

当你回到零的时候,幸福会在最适合的时机来临。你只需要不断地清理即可。

6 开始清理吧!

这章开始,我给大家介绍一些具有代表性的清理工具。
清理并不是一两天就能完成的!
需要我们心无杂念地坚持下去。

最基本的清理工具

四句话

不论在何时何地都是这四句话

现在我们来详细说明一下最简单的这四句话。

"谢谢你,对不起,请原谅,我爱你。"只要说这四句话,记忆就会被消除,我们就可以回归零的状态。到目前为止,清理的工具有80多个,可事实上,我们只要实践这四句话就足够了。

这四句话没有规定的顺序,按照自己喜欢的顺序就可以。

谢谢你 thank you
I'm sorry 对不起
请原谅 please forgive me
I love you 我爱你

你可以发出声音，也可以在心里默念。没有时间的限制，也没有任何的规则。按照自己的想象去念就好了。我们也不用去深究这四句话的含义，只要我们持续念这四句话，潜意识就自动理解并净化我们的记忆。

对内在小孩说这四句话

话虽然这么说，可是刚接触这四句话的人会有"我到底要朝谁说这四句话呢？""我要爱谁呢？""我要原谅什么呢？"等等很多的疑问。答案是，对内在小孩说这四句话。

我们人生中发生的所有事情都是潜意识当中记忆的重播。无论是生病、公司倒闭、贫困潦倒，还是失恋，所有这些都是记忆的重播。这些都是你从很远的记忆里继承下来的"生病的记忆""生活困窘的记忆""与恋人吵架的记忆"，记忆再生形成现实让你如今也会为这些事情而苦恼。任何事情的发生百分百都是自己的责任，虽然如此，你也不用过多地责怪自己。你需要认识到不管发生什么样的事情，都不过是记忆的重播而已。一不做，二不休，只管清理就是。已经发生的问题也不要用负面的观点去看待，而要理解成是潜意识给了我一个机会来进行清理而已。

只说"我爱你"这句话也可以

当事件突然发生，你完全忘记清理这回事的时候，你会变得非常情绪化或者非常消沉。这样也没有关系。事后当你想起"我又生气了""又说了伤人的话"的时候，这就是进行清理的时候了。

如果没有办法很顺利地念这四句话，只念"我爱你"这句话也是可以的。

"我爱你"也包含了其他三句话的意思，在念的时候也没有必要带着感情。请不要去想为什么，只是机械地念"我爱你"试试看。如果你觉得念"我爱你"会让你感到难为情，而说"谢谢你"这句话比较容易，那光说这句话也是可以的。这样并不会影响效果。只要把清理变成习惯，你就会获得越来越平静的心灵。

我想告诉大家的是请不要努力、发奋地来说这四句话。

"我一定要说这四句话!"这样的想法会给你带来压力和负担,这又会变成新的记忆。你好不容易开始清理却产生新的记忆就得不偿失了。

在刚开始时,只要能做到遇到问题时念这些语句就可以了。

最理想的状态是:不管何时何地,只要你想起,就立刻不带任何感情地念这四句话。

2 HA 呼吸法
期待感和罪恶感也可以清理

HA 呼吸法就是任何时候都可以进行清理的一种方法。HA 是夏威夷(HAWAII)的打头文字,在夏威夷语中是"神圣的灵感"的意思。这是让我们获得神圣的灵感、活化生命的能量的一种呼吸法。

HA 呼吸法是非常有效的一种清理方法,可以释放不必要的执着、期待以及烦恼。在金钱、人际关系、工作这些方面都非常有效。

比如"我想要更多的钱"的执着,以及"金钱是肮脏的"的罪恶感,或是"我出钱所以我最厉害"这种拜金主义的想法,都是我们人类在金钱方面的各种各样不同记忆的体验,这些体验同时也存在各种各样的问题。

可是,解决问题的方法既不是赚更多的钱,也不是不花钱过着清贫的生活,而是不断清理。

HA呼吸法在念"谢谢你,对不起,请原谅,我爱你"之前进行最好。这会调整出一个让我们的心回到本源的环境。

在进行过激烈争吵的房间,或者在气氛紧张的会议室,在这些房间里的墙壁、家具、植物都一起体验了这些。对这些场所来说,如果可以用HA呼吸法对环境进行清理,环境也会达到归零的状态。

在非常安静的环境中,集中呼吸的状态是最理想的。如果没有办法找到这样的环境,可以在心中默默地想象自己在进行HA呼吸法,这样非常有效。

HA 呼吸法的做法：

①挺直背，坐在椅子上，两脚并拢，放在地板上。背部挺直意味着与自己祖先的能量相连结，脚放在地上则是与大地的能量相连结。

②把两手放在大腿上，两只手分别将大拇指与食指和中指交叉成紧闭的环状，然后左右手两环相扣，其他手指处在放松的状态。

不同手指代表的意义见下一页。

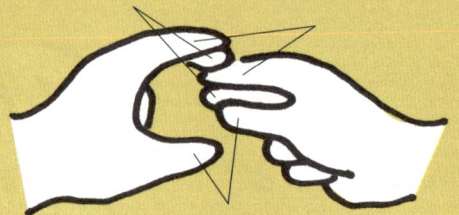

中指代表社会　食指代表自己

大拇指代表神圣的存在

③按照自己的节奏吸气,心中默念一二三四五六七。

④屏住呼吸默数1到7。

⑤呼气,默数1到7。

⑥屏气,默数1到7。

* 从③到⑥算一组,一共做7组,一边做一边保持心情放松。

3 蓝色太阳水

清理掉不愉快的记忆

蓝色太阳水是用蓝色的玻璃瓶和水,与太阳的光在一起做成的清理工具。由于它可以净化负面记忆,被称为"神奇的水"。家里的自来水就可以做,做好了既可以拿来喝,也可以用来做菜。与普通的水用法一样。

蓝色太阳水的制作方法:

要准备的材料:

蓝色玻璃瓶(如果没有蓝色的玻璃瓶,也可以在透明的玻璃瓶身上缠绕蓝色的玻璃胶带)

盖子(不要是金属的,可以是塑料的、木头的或玻璃的。如果没有的话,可以用保鲜膜包起来,再用皮筋固定)

水(自来水和矿泉水都可以)

开始做吧!

① 在蓝色的瓶子里面装上自来水或矿泉水。

② 盖上瓶盖,放在阳光能够照到的地方,放30分钟到一个小时。不管阴天还是雨天太阳都在,所以跟晴天效果一样。放在白炽灯下面也可以,但是荧光灯不行。

*如果在出门的时候,没有办法喝到蓝色太阳水,我们可以想象我们喝了蓝色太阳水,也会有效果。

各种各样的使用方法:

非常方便的蓝色太阳水,我给大家介绍一下用法。

根据你的灵感,也会发现很多新的使用方法。

因为是新鲜的水,所以请尽早使用。

当作饮用水,或是用来煮饭

把做好的蓝色太阳水放到另外的容器储存

也可以。

直接饮用当然也可以，在饮料或是食物里放几滴都会很有效。给宠物喝也非常好。

冷的或是加热的都不影响效果。

用来打扫和洗衣服

在洗衣机中放入蓝色太阳水，或将蓝色太阳水用于每天的打扫也很有效。

泡澡

在泡澡的热水里面加入几滴，洗头发或者早晚洗脸刷牙的时候、漱口的时候都可以用。

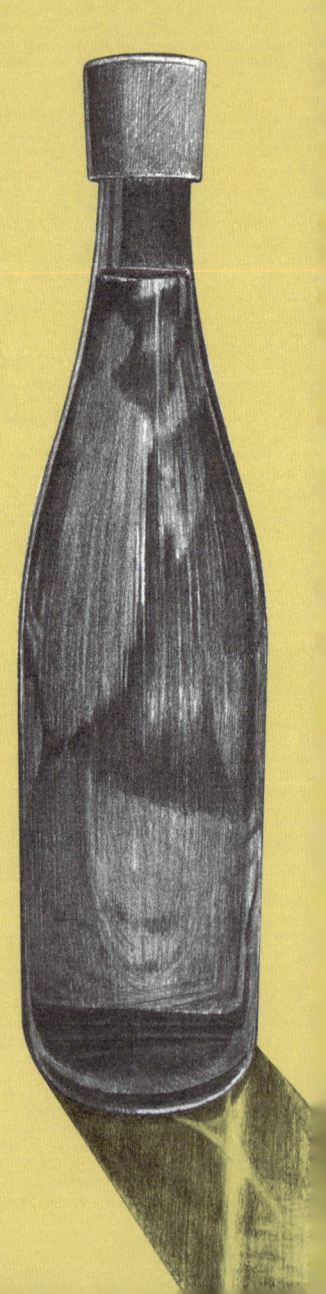

办公桌周围

在工作或学习的桌子上放上一杯四分之三满的蓝色太阳水,就会自动开始清理。

这样我们的注意力会提高,我们的电脑内存也会得到清理。

掌控心情

当我们的心情久久不能平静,非常难控制的时候,可以尝试将几滴新鲜的柠檬汁滴入蓝色太阳水,然后饮用。

# 冰蓝

可以清理各种疼痛

在心中默念"冰蓝",同时触碰身边的植物。可以借助植物纯净的能量消除记忆。

冰蓝有促进清理与疼痛相关的记忆的效果。

除了清理生病或受伤带来的肉体上的疼痛，还能清理净化与灵及物理、经济、物质缺乏带来的疼痛，同时还能清理惨痛的虐待、语言的暴力以及与这些相关的记忆。

如果我们要修剪插在花瓶中的花的时候，也请同时说"冰蓝"，这样会让植物感受不到痛苦。

冰蓝指的是冰河时期水的颜色，自己想象一下那会是什么颜色，一边想一边触碰植物；或是对自己要解决的问题，在心中默念"冰蓝"。

把植物制成干花放在钱包或者手账里也可以进行清理。

酒瓶椰子

（从根部看像酒瓶的形状，所以被起名为酒瓶椰子）

当我们触碰酒瓶椰子的时候，与金钱有关的问题就会得到清理。但是，把酒瓶椰子放在自己周围，并不意味着我们身边会冒出很多的金钱。我们的目的不是赚钱，触碰酒瓶椰子是为了清理。神圣的存在会给你带来灵感，当我们顺应灵感生活的时候，所有的一切会变得调和。必要的时候，必要的金钱就会来到你的身边。

银杏叶

在植物当中，银杏很特别。触碰银杏叶子的同时念"冰蓝"，就能自动对与肝脏问题有关的记忆发生作用，消除有关毒素问题的记忆。同时怨恨与愤怒的记忆也会被自动消除。

5 取消 ×

与中毒、虐待、破坏相关的记忆可以得到清理

当我们思考或者遇到一些问题的时候,会强迫性地被这些想法束缚。在心中默默地对这些思考画"×",也可以对潜意识中的记忆画"×",这是停止思考的方法。

"×"可以把跟中毒、虐待、破坏相关的记忆消去,修正思考的轨道,把造成心理创伤的经历和时间轴拨回到正确的时间和地点。

同时"×"会让内心恢复平静,让我们集中精力清理,所以会提高其他清理工具的工作效果。

对人际关系也非常有效。当我们有着"他(她)讨厌我了吧?""他(她)还好吗?"这样的担心、不安的时候,拿着对方的名片或者信件用手指画叉,就能清理由不安引起的记忆。

6 食物

不好的食物和不好的吃法并不存在

在"荷欧波诺波诺"里面不管是什么食物,不存在所谓"不好的食物",也没有不好的吃法。食物和吃的方法也不会影响我们的清理。

如果食物给我们的健康带来了危害,不是因为这个食物不好,而是你对这个食物所抱有的记忆有问题。

比如,如果有"使用过农药的蔬菜营养价值很低""快餐里面有很多的添加物非常危险""晚上八点吃了以后就会胖"等信念,这些信念就会给你的饮食带来影响。

再举例,你最近在减肥不能摄入油脂和糖分。正在这个时候,朋友来你家玩,并给你带来了亲手制作的蛋糕。你心里的声音会是:"虽然带礼物给我我很开心,可是我在减肥呀,蛋糕里会有很多糖分和奶油,吃了又要增重了。"这个蛋糕真的对你的减肥不好吗?如果在吃之前,把"吃了就会胖"这个负面的记忆改成"我感谢我有食物可以吃,我给你扣上'吃了就会胖'这个帽子真是对不起,我爱你"。这样去清理,就可以怀着喜悦的心情去吃了。

我们不吃东西是无法生存的。不管是喜欢还是不喜欢,我们都靠获取动植物宝贵的生命换取生存的能量。所以不管我们有没有抵触,在我们每次吃东西之前,对所吃的食物以及制作这份食物的人说"谢谢",用表达感谢来清理吧。这样不管你吃什么,怎么去吃都会促进你的身体健康。

五个美味的清理工具!
吃下去就能净化记忆的神奇食物!

香草冰淇淋

适合在思考问题时食用。思考容易造成记忆的积累,由思考所造成的记忆积累与已经有的记忆可以同时被清理掉。

面类

能帮助我们解开原本纠缠不清、像线缠在一起般的复杂的问题。

绿箭口香糖

能帮助我们清理过度的思考与观念。

草莓

草莓可以清理记忆。可以生吃,做成干果,做菜或是做成各种点心;或做成草莓酱,不管涂在面包上还是配冰淇淋,效果都一样好。

可可

能帮助我们清理焦虑和与金钱相关的记忆。

7 这样的清理工具有很多很多

这里告诉大家每天的工作、家庭和学校生活中非常容易实践的四个清理工具。

带橡皮擦的铅笔

准备好一支带有橡皮擦的铅笔,一边说"露珠",一边把写有问题的文章用有橡皮擦的铅笔一行一行地画过去,负面的记忆就会被净化。

对谈判的资料和工作的文件都会有效。顺便说一下,与铅笔芯颜色的浓淡没有关系。

我的平静 peace of I

修·蓝博士在发邮件的时候,文章的最后会写上POI,其实就是"Peace Of I"的缩写,意思是不被任何事物影响,完全平稳的心灵状态。这样可以净化邮件中包含的所有想法和感情。

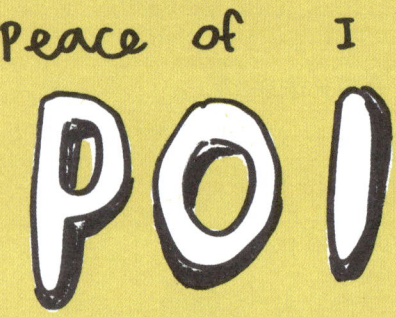

想象回家

我们在工作中或考试时,心里总会有"失败或考得不好怎么办啊"这种不安。当我们感到不安时,请想象我们平安地回到家里这个画面。

这样可以清理不安及恐惧的记忆。想象着家里让自己很放松的地方,或是开门后,最爱你的家人迎接你回家的这幅画面,或者想象着从家中的窗户眺望你很喜欢的风景的画面。

Ceeport 清理卡

把清理卡放到钱包里,卡会替我们清理花出去的钱以及收回来的钱。如果把它夹在本子或是笔记本等各种文件中,你就会从非常庞大的内容中得到灵感,找到自己需要的信息。

本书特别公开的清理工具

柠檬柠檬

来自KR女士的信

在本书的诞生过程的清理中,我发现了一个新的清理工具。

它就是柠檬柠檬。

在心中默念或说出"柠檬柠檬"就可以了。

经过这个清理,纷繁复杂的记忆之线会被解开。自我意识会通过荷欧波诺波诺这个过程自然参加进来让我们得到解放。

在清理本书的过程当中，我看见一幅图画。那就是跟出版本书有关的所有的人员以及本书未来的读者一起，大家都用这个工具来清理各种各样的问题。在这个过程中大家都记起我们刚刚出生时的那种零的状态，就好像清新的风吹过我们自身，然后从所有与我们有关的存在之间流走。

在你体验某个问题的时候，或轻松地在散步的时候，可以尝试在心中默念"柠檬柠檬"。这样你的内心原本存在的柔和就会渐渐回到你身边。

因为大家，让我有机会与这个珍贵的清理工具相遇，非常感谢大家。

KR女士的访谈

在被大自然环绕的夏威夷生活的KR女士,19岁就遇到了荷欧波诺波诺,是这个世界上持续清理最长时间的人,真可谓是清理专家。

荷欧波诺波诺这扇未知的门的后面,是一个让你回归发光的自己的世界,听KR女士来谈谈这样一个世界吧。

**在开始清理这个瞬间，
你就开始做回你自己。**

Kamaile Rafelovich（*KR*）女士

  荷欧波诺波诺大我意识疗法代表，身体能量工作者。荷欧波诺波诺大我意识疗法的创始人、已故的莫娜女士的头号弟子，持续清理40多年。获得MBA学位和MAT（按摩治疗师）执照。在夏威夷经营房地产的同时，也在运用荷欧波诺波诺大我意识疗法为个人和企业经营者提供咨询和身体治疗。在亚洲范围内举办荷欧波诺波诺大我意识疗法相关的演讲活动。

被灵感指引

阿啰哈！我是Kamaile Rafelovich，大家可以叫我KR。我现在住在夏威夷的欧胡岛，与两只狗、四只乌龟以及几百条鱼一起生活。我是荷欧波诺波诺回归自性基金的代表，也用荷欧波诺波诺进行身体疗愈和个人指导，在夏威夷我还从事着房地产的工作。

在我19岁时，某一天我突然冒出一个想法：去夏威夷！第二天我就行动起来来到了夏威夷。当时我并不是想做什么标新立异的事，现在回想起来应该是被灵感指引，然后就像乘着顺流一路来到了夏威夷。

来到夏威夷几天以后，我在欧胡岛散步的时候，有一位女士突然跟我说，我想向你介绍一个人，她介绍的人就是莫娜。

在我跟大家分享这些的时候，大家有时会觉得我是个有特殊能力的人。其实我并没有特殊能力，莫娜有在完美时刻遇到必要的人或是得到必要的东西的能力。莫娜一直通过清理来得到灵感，所以我是被这种灵感吸引，来到了莫娜的身边。

为了活出真正的自己，我每天也对各种各样的事物做清理。今天能有机会和各位分享荷欧波诺波诺，我觉得这本身就是非常美丽的来自灵感的礼物。

初识莫娜的时候,荷欧波诺波诺还不是今天这种形态。我在莫娜身边冥想,帮助她一起为从世界各地飞来的客户进行身体的疗愈。一起共度每一天。

莫娜的教导,我不是用头脑,而好像是我身体的深处已经知道这是成长所需要的营养般,自然而然地吸收。渐渐地,现在的清理程序一个一个诞生了。从那时开始过了四十几年,直到现在我也还在持续着荷欧波诺波诺。

清理和育儿

荷欧波诺波诺用一句话来说,就是活出真正的自己。大家与荷欧波诺波诺相遇,决定从现在开始实践清理的时候,虽然肉眼看不见,但全世界、全宇宙都在对你说"Hello",并且张开双臂迎接你。这时与你完全契合的人际关系、健康、丰盛就会降临。

当你百分之百负起所有问题的责任时,就没有所谓的你之外的世界了。只要——将你内部所有的古老记忆清理掉,你就会得到原本的闪闪发光的人生顺流。

我想跟大家分享一下我自身的故事。我在20岁刚出头的时候变成了单身母亲,虽然很多事情很艰辛,但每天都过得很充实。

当我刚做妈妈的时候,莫娜对我说"孩子们一瞬间就会长大,一定要享受当下"。当时确实非常辛苦,但是也能一边享受着育儿快乐,一边度过那段时光。这句话到现在我都印象深刻,它也可以用在清理上。现在反映出来的记忆,现在就要立刻清理掉。所以现在反映给我们的记忆是为了让我们有机会清理,所以一定要把握住每个清理机会。

不管是育儿、人际关系,还是经济状况,每一件事都是人生冒险。每一瞬发生的新状况,我都和荷欧波诺波诺一起度过,能够这样做的我应该算是非常幸运的。

也许在一般人看来,一个没有任何职业技能的单身母亲,处于一边帮别人做身体能量疗愈一边上大学的状况,生活一定非常不安定。可是我用荷欧波诺波诺的方法不断清理当下发生的事情,也不与周围的人比较,就这样一天一天过来了。值得庆幸的是,每当我回首往事,都会发现我真正需要的东西总会在最好的时机自然出现。当然,抚养孩子是需要一定程度的计划性的，但是因为我一直活在当下、体验当下，所以丝毫没有感受到未来的不安。

挡住灵感的"期待"

现在我想跟大家分享一下"期待"。

在荷欧波诺波诺里面，"期待"也是一种记忆。话虽如此，但并不是说期待是一件不好的事情。因为是记忆，所以很自然地，每天我们都会期待。

人际关系也好，工作也好，我们在感受到自己在体验期待的时候，就可以说这四句话进行清理。

"期待"会像巨大的岩石，把原本存在于你内部完美工作着的节奏给挡住。巨大又顽固的东西一时半会儿是搬不动的。最糟糕的是，有时候你根本没有意识到自己正处于一个期待的状态。

比如说在人际关系不顺利的时候，你稍微退一步试试看。说不定你会在不知不觉中想"我希望他（她）这么做"，或者是"我希望他（她）能像以前那样对我好"，这些都是对对方的期待。

你又对自己说了些什么呢?比如:"我一直非常努力,应该会成功。""我应该多帮帮家里人。"这些其实都是对自身的期待。

但是,这时你本来的魅力与才能无法很好地展现出来。本来应该流淌在你身上的灵感,如果能被好好地展现出来,人也好,工作也好,都能体验到这个非凡的灵感。可是如果你透过期待的时候,就只能看见期待,就只能听见期待而不能感受到灵感。

当我们释放"期待"的时候

举个我朋友的例子。

我的一位夏威夷朋友当时40岁,他很想结婚。于是朋友给他介绍了一位非常棒的女士。那位女士30多岁,她也意识到下一次的恋爱是时候考虑走向婚姻了。两人见面后意气非常相投,当时这位女性住在旧金山,所以两人开始了远距离恋爱。刚开始的时候两人非常开心,可是考虑到结婚的问题时,两人都渐渐陷入了不安。

原本非常开心的交谈也就渐渐变质,两人在这种尴尬的气氛中只好决定分手。

这位先生是荷欧波诺波诺的实践者,他立刻对这种状况进行了清理。到底是怎样的记忆,让他好不容易遇到这么棒的一位女性,和她的这场远距离恋爱却无果而终?他不断地清理心中的不安与寂寥。

渐渐地,将对方看作结婚对象的期待就消失了。有一天晚上,他突然很想给这个住在旧金山的女士打电话。因为没有了男女朋友的身份,所以两个人很轻松地把最近发生的事跟对方分享。这种关系让他们都非常舒服,互相把对方当作一个普通朋友来尊重。后来他们就开始频繁互通电话，汇报彼此的近况。渐渐地，他们又互相感受到了对方的魅力，萌生出以前都没有感受过的心动。就在这个时候，男士工作单位的老板突然跟他说，要调他去分公司，而分公司的所在地居然在旧金山。两个人的关系就好像是四季交替一样，自然地结成连理，现在也幸福地生活在一起。

这是一个非常容易明白的清理记忆的体验。

我常常在自己感受到期待的时候，就想起这个朋友的故事。"我想结婚啦！""这个人是理想的结婚对象！"当你的这种期待非常强的时候，对方也不能把自己真正好的一面展现出来，本来两个人之间应有的完美调和状态也会渐渐消失。在这个时候，我们就应该说"谢谢你，对不起，请原谅，我爱你"这四句话，要非常认真地清理自己的体验。这样这个问题的真正原因就会消失，你就会发现比自己想象中要棒得多的现实发生在你身上。

平静从我开始

"你到底是一个什么样的人呢？"如果我这样问你的话，

你会如何回答呢?把我当成一个值得信赖的朋友,认真想一想你要如何回答。

为什么我要问大家这样一个问题呢?因为我们自己所认为的自身,以及记忆清理,是透过荷欧波诺波诺成为完美的自己的关键步骤。本来完美的你就是"零"。因为是"零",所以灵感就会流经你。

我们常常会觉得"记忆"是非常令人头疼的事。可是好的回忆也是记忆。美好的回忆,自己的优点,以及让人兴奋的未来憧憬都是记忆。这些记忆都给你提供了进行清理的机会。

清理和男朋友非常开心的回忆，美好的回忆并不会消失。相反地，清理会把这个美好的记忆的深处所隐藏的执着和恐惧消去。因此你会变得更加自由，更加有魅力，更加光芒四射。你的男朋友也不会觉得被束缚，原本诚实的品格可能会得到更多展现。

你很开心，很快乐，你很好，这些感情如果每天也能进行清理的话，就太棒了。内在小孩会不断协助你，给你带来真正的自信。

有很多客户会向我倾诉说："我没有自信。""我没有办法喜欢自己。"这些都不是你的错，也不是因为你周围有太多优秀的人，也不是你父母的错。这是你身体里面原本有的这些记忆造成的。

虽然你的头脑层面不能理解，但是从非常远久的过去一直积累起来的这些记忆让你体验到"没有自信"。当你体验到没有自信的时候，你就该清理了。如果你和别人做了比较，你也应该清理。这样你就能真正活出你自己。不与别人比较，也不会被当作比较的对象，完全处在一种调和的完美状态，这才是原本的你自己。

如果你觉得"没有自信是不好的事情",也请你一定要把这种想法清理掉,这样你才会从记忆中完全解放出来,获得自由。透过你自己,你会体验到完美,所有的灵感都会表现出来,真正的光辉会回到你身上。在这个世界,在这个宇宙,你就像是灯塔一样的存在。不管过去发生过什么样的事情,清理都是这个瞬间应该开始的事情。整个世界都为你打开了那扇门,等着你,等你自己真正地做回原本的自己的时候,这个世界就会回到原本的姿态。

在莫娜的桌子上装饰着这样一句话:

"平静从我开始!"

正如这句话所说,平静就是从我们自己开始的。让我们立刻开始清理吧!

第二章·与内在小孩好好相处

倾听内在小孩的声音

我们的潜在意识,即内在小孩。夏威夷语的意思是"在内部的小孩子"。与一般所说的"由于幼儿期受到的打击而带来的心灵创伤"里所指的"内在小孩"的意思是不同的。

这里所说的内在小孩,在前面的章节也提到过,不只是我们度过的几十年人生,也包括穿越几千年、几万年的时间,跟万物共有的所有的记忆。大海、山林、花草、树木、土地、动物、大楼、帽子、音乐、桌子,等等,这些记忆都保管在数据库里面。现在你体验到一些事情,看到一些事情,听到一些事情,触摸到一些事情,这些情报也都作为记忆一起共有。

在清理过程当中,最重要的事情就是意识和内在小孩的母子关系。如果意识不开始清理的话,内在小孩所拥有的记忆是不会被净化的。

如果我们无视内在小孩的存在而进行清理的话,这种需要清理的意志也不会被传达到。意识是我们可以观察到的意识,你自身就是内

在小孩的母亲。

作为孩子的内在小孩是既聪明又可靠的,虽然有时会害怕,有时会害羞。所以你可能从来都没有注意到他的存在。但是内在小孩其实和真正的孩子一样,希望得到母亲的爱,希望母亲听自己说话。

在本章,我们要学习怎么和你的内在小孩好好相处,并且倾听他的声音。

与内在小孩连结

当我们开始意识到有内在小孩存在的时候,

有人会看见内在小孩的样子,也有人完全看不见。

最重要的不是看见内在小孩的样子,

而是倾听他的声音,并能够完全地接纳他。

从承认内在小孩开始

对刚开始清理的人来说,去感受没有形态、没有声音的内在小孩的存在也许非常困难。

意识到内在小孩的存在是我们清理的第一步。可是刚开始

的时候,大多是我们的内在小孩非常受伤。因为他一直在重播记忆,想让作为母亲的你意识到他的存在。可是你不但没有意识到,反而还增加了很多的记忆,让内在小孩把感情一直压抑到现在。

当你发现问题和挑战的时候,就是内在小孩和表意识没有连结上,是内在小孩觉得自己没有得到爱,觉得自己被无视、被任意操纵、被否定存在的时候。

没有和内在小孩联系在一起,也就是说你与超意识和神圣的存在也没有联系在一起,灵感也没有降临。在灵感没有降临的时候,你也没办法回到零的状态,离原本的自己也非常远。

所以我们应该先从承认自己的内在小孩开始,从向他道歉开始。

首先,我们要像母亲用软软的棉被包住婴儿一样,非常非常温柔地向内在小孩道歉:"一直以来不知道你的存在,真的非常抱歉。从今天开始,我们一起清理吧。"一直以来内在小孩非常受伤,所以他变得非常小心了。你应该非常轻柔地跟他说话。

在清理的时候,谨记"是内在小孩把记忆呈现给我们看",并用心地去实践清理。

内在小孩的声音 = 感情

有些人也许会这么想:"我向内在小孩道歉了,但是我不知道他会不会原谅我。"

可是心中没有内在小孩的人是不存在的,你可能什么形象也想不出来,或者什么声音也听不见。

即使如此,你的心中还是存在着内在小孩。所以我们应该不断地跟内在小孩说话,与内在小孩沟通。没有办法很好地感受内在小孩存在的人,可以想象自己和心中那个自己商谈。

"内在小孩,对不起,请原谅,可以原谅我吗?"这样去问他然后进行清理。如果这样说后,你会感受到悲伤的情绪涌上来,那是因为内在小孩在向你重播悲伤的记忆。

"内在小孩,让你伤心了,真抱歉。"一边这样说一边将这个记忆清理掉。这样你也许会回想起一些非常快乐的事情,这也是内在小孩在再生记忆。"谢谢你把这些记忆给我看。"然后再清理掉。当记忆不断地再生,我们会感受到各种各样的情绪,这些都是内在小孩的声音。内在小孩把作为妈妈的我们的感情再现出来,让我们再次感觉到,用这种方式来跟我们对话。

当我们在跟内在小孩对话的时候,有时可能会突然冒出一些念头,比如:"我想去一下公园。""跟那个朋友联系一下吧。"这就是所谓的灵感。

当清理的意志明确地传达到内在小孩那里,就会传达到超意识,神圣的存在就开始行动,这样清理就非常成功了。

身体和内在小孩

老板要求你加班,你内心想拒绝,却强装笑脸答应。我们常常会做出跟我们的真实想法不一样的行动。这种"其实我想这样",就是内在小孩的声音。

在我们看来,说话也分"真心话"和"台面话"两种。因为介意别人的看法和社会一般价值观,我们常常把自己的真实想法隐藏起来。

很多人觉得这是理所当然的。

可是如果我们一直无视内在小孩的声音会怎么样呢?当

你感觉到"好累呀",这也是内在小孩的声音,如果我们无视这个声音,觉得"现在没办法休息,还是继续去努力干活"的话,内在小孩就会停止把非常累的这种记忆再现给你。于是你就会生病,会被各种压力压倒。

内在小孩掌管着我们的身体。如果我们注意聆听他的声音,"应该好好地休息一下了吧?"或者"应该稍微运动一下吧?"又或许是"今天多吃些蔬菜吧?"如此这般,内在小孩会把对身体最好的事告诉我们。

也不用完全地遵从内在小孩

虽然话是这么说,如果内在小孩说:"我讨厌这个。"你说:"是吗,那就不做了。"这样完全遵从他,也不是与内在小孩的良好关系。比如说,你的孩子光吃糖而不愿意好好吃饭,作为母亲的你会怎么做呢?你一定会为了能够让孩子好好吃饭,想很多办法吧,这是母亲应尽的责任。

对内在小孩来说,你就是母亲,你在现实生活中选择什么,对他来说并不是最重要的。内在小孩只是想和母亲一起清理。最重要的是让内在小孩感觉到,母亲总是照顾自己的情绪，总是爱自己。

当"我很累"这个记忆被再生的时候，你应该说："你很累是吗？谢谢你告诉我你很累，谢谢你。"这样去接受内在小孩的声音并进行清理。清理的结果也许是选择休息，也许是感觉变得轻松了。这取决于神圣的存在带给我们什么样的灵感。

爱自己是非常重要的

如果可以的话，常常去关心一下内在小孩现在的心情是怎样的，这点非常重要。

跟内在小孩好好地相处，也就是爱自己，这是非常棒的事情。

不懂如何爱自己的人很多。尤其是女生，会有优先家里人、孩子或者身边的人而忽略自己的倾向。这样的自我牺牲也是记忆的再生。

好好照顾自己的情绪和自私不同。直率地接受内在小孩呈现给我们的各种感情，并和内在小孩一起进行清理的时候，你会得到很多的灵感。因为这些灵感你会变得更幸福，你也会让周围的人更幸福。

实践！
与内在小孩好好相处的 7 个方法

为了更好地和内在小孩连结，我们收集了一些和内在小孩交流的方法。

你可以从你认为比较容易的项目开始尝试，这样的话你的清理会变得非常顺利。

1. 不停地清理

与内在小孩连结的窍门就是不断地进行清理。当你坠入爱河也好，肚子饿了也好，有电话打来也好，你每时每刻都在清理。只用"我爱你"这句话也是完全可以的。只要你有清理的意志，这个意志传递给你的内在小孩，他就会非常开心。

2. 常常和他讲话

从早上起床到晚上睡觉,不管什么时候都尝试和内在小孩说说话。"早上好!""今天心情怎么样?""你还很困吗?""想吃点什么吗?""今天想穿什么衣服呢?"……然后接纳从内在小孩那里传来的回答。这一天就能有许多时间是在最舒适的心情下度过。

3. 和内在小孩一起挑选清理的工具

当内在小孩从你这里接受到想要清理的信息的时候,他会非常开心,如果你能和他一起挑选清理的工具,他就更开心了。

当你们越来越信任彼此,内在小孩就会理解,一旦出现什么问题,只要清理就好了。当你没有在清理的时候,内在小孩也会自动帮你清理。

4. 把一切托付给内在小孩

也许,当你试着跟他说了很多话后,也没有任何感情涌现出来。这时你可能会不知所措,其实这也是内在小孩的声音,说不定内在小孩刚好要休息。这个时候你应该说"我爱你"来进行清理,剩下的就放手让内在小孩去做吧。

不要强求内在小孩给你回应,当你强求一定要得到回应的时候,就会产生记忆,这样又会让内在小孩很痛苦。

5. 不要错过清理的时机

你会不会有下面这样的经验?当你在和朋友说话的时候,或是在工作当中,会突然想到完全不相干的事情,也许会突然想要去做一件事,或是突然回想起很久以前的朋友。如果有,这就是内在小孩给你的非常重要的信息。这就是清理的机会了。举例来说,在交谈中,有人会说起他人的坏话,说起自己的辛劳，或者是怀念以前，等等，诸如此类的话会让你不想听下去。这些鸡毛蒜皮的小事和无法预测的话题也是记忆的再生。这正是内在小孩希望你清理的时候。迅速地进行清理吧，不要放过这个时机。

6. 不是去要求内在小孩，而是请他帮忙

当你和内在小孩的交流逐渐深入以后，你们的对话就会变得非常愉快。内在小孩就会变成你最好的朋友。这虽然是非常棒的事情，但是把所有的事都扔给内在小孩是错误的。内在小孩会觉得自己又被抛下，变成孤零零的一个人，他会非常难

过。你不能单方面要求内在小孩,然后你就撒手不管。不要忘记你要时刻和他商量,你要告诉他:不管什么时候,我们都是在一起的。

7. 开心的事情也要进行清理

内在小孩呈现给我们看的不开心的记忆和痛苦的记忆都需要清理,这也许很好理解。除此以外,内在小孩给我们的快乐的记忆也需要清理。当下我们可以尽情开心,尽情喜悦,但是如果一直被这种感情牵绊,就会变成执着。人们常常说沉醉于过去的荣光,这也是一种执着。

因此好的事情也需要清理。事情本无所谓好坏之分,对你来说好的情况,对别人来说也许并不好。反之亦然。内在小孩对这种情况非常了解,所以他会给你看两种情况的记忆。不管什么样的情绪,通过清理,问题就不再是问题,你就会越来越靠近零的状态。

总是和内在小孩在一起
——平良爱绫小姐的 24 小时清理时间

在 SITH 荷欧波诺波诺亚洲事务所从事宣传工作的爱绫小姐是怎样把清理融入日常生活中的呢?接下来是可圈可点的爱绫小姐的清理日记。

平良爱绫◎1983 年出生于东京。毕业于明治学院大学文学部。在 SITH 亚洲办事处负责荷欧波诺波诺的宣传工作,除此之外,她也在从事荷欧波诺波诺相关书籍的写作和翻译。最喜欢的净化工具是 HA 呼吸法和冰蓝。著有《阿啰哈!我在修·蓝博士身边学到的清理话语》《尤尼希皮里》。http://irenetaira.wordpress.com/

内在小孩，早上好！

我每天早上睁开眼睛还在床上时就开始和内在小孩说话了。一醒来，我就会问他："内在小孩早上好！你好吗？心情怎么样啊？"

这时他会回答我："好困呀，我还想再睡一会儿。"他会通过身体把这样的感觉告诉我，我也会非常重视这个感受。

因为内在小孩掌管着我们的身体，所以我们身体的感觉都是内在小孩给我们的信息。于是我就会感谢他："谢谢你把这些信息呈现给我看。"接着我会说清理的四句话，或是只说"我爱你"来清理。

接下来我会做HA呼吸法，做着做着，"还很困"的感觉就会渐渐消失。

接着我会按照KR女士教我的方法，去清理昨晚的梦境，这非常重要。我们的意识白天一直在工作，所以在睡觉的时候就不会去评判与思考，处在一种非常安静的状态。

同时内在小孩是不会休息和睡觉的。晚上意识处在休息状态，就无法强加一些东西给内在小孩。所以跟白天相比，内在小孩会更加自由。于是内在小孩就会用梦的形式把记忆呈现给我们看。

很多梦境我们无法用逻辑去解释。内在小孩把过去的记忆拼接起来以梦的形式呈现给我们看。所以我们在梦中感受到事情,也要非常认真地说"我爱你"进行清理。

在那之后,如果有时间的话,我还会问内在小孩:"你还有什么想对我说的吗?"这样我会与自己的内心进行一些对话。

一起确认一天的行程

如果时间不多的话,我会把今天一天的行程在心里过一遍告诉内在小孩。就像这样:"今天先去公司,吃午饭的时候会跟某某先生见面。今天先做什么再做什么。"其实应该一整天都跟内在小孩在一起,但是有时候白天实在太忙了就会忘记内在小孩。所以早上就把整天的行程告诉内在小孩:"我今天会做这样的工作,你要帮忙哦。"

并且,今天要穿的衣服也和内在小孩一起来决定,修·蓝博士每天早上打开自己的衣橱都会问,"今天有谁想要和我一起去清理呢?"回答"我要去"的衣服就会被选中,他就会穿这件衣服出去。我也会和内在小孩商量:"你说今天穿哪一件好呢?"

① 7点 30 分起床

→ 问候内在小孩"早上好"
→ HA 呼吸法
→ 清理梦境

梦是内在小孩呈现给我们的记忆。如果还记得的话就进行清理。其实我在还没有开始用荷欧波诺波诺的时候,是从来没做过梦的。自从我开始用了荷欧波诺波诺,有一段时间每天晚上都做梦,有的时候是好梦,有的时候是不好的梦。好梦也好,噩梦也罢,只要能够做梦,我就很开心。因为这些都是内在小孩给我看的,我很感谢他。

→告诉内在小孩今天一天的计划
→早饭

早饭会做鲜榨果汁。因为草莓是清理工具的一种,所以我会在水果汁里加上草莓。

如果没有草莓的话,也没有关系。

和内在小孩一起挑选衣服

如果我们的衣物不经过清理穿在身上的话,就会带着所有的记忆与工作中的人见面。我不想把太多不必要的记忆带给我要去见的人,所以每天我都是先把衣服进行清理后再穿在身上的。

⏰ 9点30分上班

与爱犬一起

我会牵着爱犬一边散步一边步行去公司。我们会穿过这个小小的公园走到公司,我一边触摸草木,一边说"冰蓝"。

自从我开始荷欧波诺波诺清理以后，我穿衣服的选择也跟以前不一样，我开始喜欢舒适的衣服了。以前我喜欢穿一些引人注目的衣服，穿上后会觉得自己是一个非常能干的职业女性。那时跟别人见面的时候会显得我特别突出，有时还会给人不舒服的感觉。现在回想起来那时我和内在小孩是分离的。自从我实践清理之后，我逐渐开始觉得不光是衣服，就连包包和鞋子这些小东西也都是在一天中守护我的存在。

在开始工作前，心里默念"我就是我"

到公司以后开始工作时，我会做HA呼吸法，念祈祷文"我就是我"。做HA呼吸法的时候，我会光脚站在地板上，这样我的清理也会变成大地的清理。我的公司也会因为我的清理能够接近零的状态。

非常忙乱的时候，只来得及念"我就是我"的祈祷文。在念祈祷文的时候，内在小孩就会想起来"真正的自我"是什么样子。这是很重要的，如果我们在工作中迷失自我的话，开始任何工作都只是根据记忆在行动，这只会产生更多的记忆。

发邮件时的注意事项

在工作中我会发很多邮件,遇到跟荷欧波诺波诺有关的工作时,我会在邮件最后写上"Peace of I(POI)";在跟不知道荷欧波诺波诺的人写邮件的时候,通常在结尾写上:"那就请您多多关照了。"

这是商务礼仪上非常普通的一种结尾方法,但是我会在心中默念POI,让这封邮件得到清理,达到归零的状态之后我才会按下发送。

修·蓝博士的邮件通常都很简短,他只说最重要的部分,在最后会写上POI,或是写上"I love you"等他喜欢的清理工具。他的邮件只传递真正想传递的信息,没有不必要的思考和评判,也非常有力量。既不是容易引起执着的浓墨重彩,也不会冷酷无情,让人感到冰冷。而是让人觉得通过邮件可以跟他保持非常健康良好的关系。他正是保持着零的状态不断前进的典范。

不只是在工作上,在跟朋友以及跟恋人相处时也非常重要。我通过荷欧波诺波诺学到了很多宝贵的东西。以前,我会因为一件小事或一封邮件或喜或忧,会随着这件小事欢呼雀跃或是消沉下去。

但是当我持续清理一段时间后，我渐渐找到了自己，向对方传递必要的信息，完全接纳对方给我的回复，变得不抱有过多的期待。

跟内在小孩商量午餐内容

我经常会和公司的同事一起出去吃午饭，通常我们会先商量好地点。来到餐厅，我一定会问："内在小孩，你想吃什么？"一般女生看到菜单后会说："这个热量看上去好高啊。""这个产地是哪里呢？"如此这般考虑很多的问题。如果前两天吃得太油腻了，就会思考"今天多吃一点蔬菜吧"。可是如果我们用头脑来决定的话，通常会给内在小孩带来一些负担。

相反，如果评判和思考以及学过的知识冒出来的时候，就是和内在小孩一起工作的时机了。我会跟内在小孩说："谢谢你让我意识到这一点。""谢谢你让我看到这个。"然后进行清理。于是有时候我会轻松吃掉一整份牛肉馅饼套餐（笑），有时候却会说"谢谢你让我看到，那我今天就少吃一点"，然后选择热量少一点的食物。

⏰ 10点开始工作

→ HA 呼吸法
→ 念"我就是我"祈祷文
→ 向我的电脑及桌子说
 "我爱你"
 然后才开始使用它们。

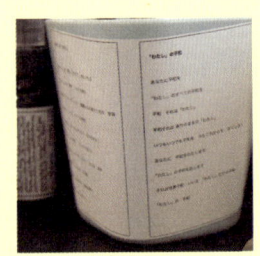

左面 "我就是我"的祈祷文
右面 "我的平静"的祈祷文

⏰ 12点午餐休息时间

在餐厅看菜单的时候,
我都会问问内在小孩:"你想要吃什么呀?"

感觉困也是内在小孩的声音

午餐结束后我回到办公室继续工作。通常我会觉得疲倦，容易犯困。这也是内在小孩的声音。我会接纳他的声音说："你现在困了，你是不是想回家了？"然后我会说"我爱你"进行清理。

我们常常会感觉到累。以前KR女士曾经这样教我：

"累"的真正原因是我们从祖先那里继承的记忆，不停歇地被重复播放。一旦我们觉得很累，我们就会用自己的头脑判断"最近可能劳累过度"或是"晚上睡觉太晚"，但是荷欧波诺波诺告诉我们，累的真正原因是不可探明的。

自从我明白这点后，在做任何事情以前，我都会先做HA呼吸法。如果感到很累，我就会对内在小孩说："谢谢你把很累的感觉告诉我。"然后进行清理。

⏱ 13点工作中
→打开手账时

每天我打开手账都会进行清理,看着手账上记录着的安排我会产生一些类似以下的感情:"今天好忙呀"或者"这个安排我有点烦""我好期待这个安排呀"。我都会对它们一一进行清理。

在与别人会面前,我也会事先进行清理再去。

如果我的笔墨水写不出来,我也会说"我爱你"。看起来是我先用头脑想然后写出文章,其实事实并非如此。事实是笔把应该写的事情写出来,笔记本把应该写上去的东西呈现出来,所以我也会对物品抱有感谢的心情。

→打电话的时候

接电话之前,我会先说"我爱你",然后再接电话。电话是一个信息流进流出非常多的工具,也会积存很多记忆。通过这样的清理,从电话那端传来的好或不好的内容都会得到清理。

清理电脑才结束工作

当我结束这一天的工作时,不管这一天是有很多问题还是很顺利,我都要对我的电脑进行清理,让它归零后才关掉。早上我会念"我就是我"的祈祷文来开始我的一天,晚上我会念"我的平静"的祈祷文来结束一天的工作。

我做完 HA 呼吸法才会离开我的位子

我在一天中感受到的疲劳、压力,或是打击,不只是我自己,我的电脑、桌子和椅子都跟我一起体验了这些。假若那天晚上我去酒吧放松一下,第二天早上也许就会忘记发生过的不愉快。但是如果我没有清理办公室的电脑和桌子就回去的话,第二天它们还会记着这些不愉快。

跟我的小狗散步回家

回家的时候我会跟早上一样,牵着我的爱犬散步回家,一边触碰植物一边说"冰蓝"。

晚上我会比较放松。但有时候我会把写书这样的工作带回家去做。如果必要的话,我会完成决定要做的事情。我会觉得那是上天给我的使命。

还有不管任何事,我都会做完清理再决定。这样进展起来就会非常顺利。

晚上在泡澡的时候,女生通常会看着镜子中的自己想很多的事情。比如说"我胖了""哎呀这里长了斑",这也是内在小孩给你呈现的记忆,我会说"内在小孩,谢谢你让我看到这些",然后进行清理。晚上上床后,我也会默念四句话进行清理后才休息。

还有这样的事!
对工作进行清理的提议

在职场上不管是谁都会有过一两次想要辞职的想法。这个时候我希望大家尝试清理一下。在公司里面,不只是有你的记忆,也有这家公司的历史,还有公司里的各种人员，记忆全部混成一团。你可以试着把公司介绍里的公司成立时间、地址、电话还有老板的名字，全都进行清理。这样的话你就不会说我一定要如何如何，而是会在一个非常适合的时机，事情变得非常顺利，变得没有任何纠缠。当你需要和别的公司合作的时候，也建议你对那家公司进行清理。

夜

☽ 晚上 19 点回家

→工作结束的准备
→对我的电脑进行清理后关机
→念"我的平静"的祈祷文
→做 HA 呼吸法

→使用手机时

在主页,我放了一张让我能够随时想起清理的照片。晚上跟朋友、老公或家里人打电话的时候,也会自然地把一些期待清理掉再给他们打电话。

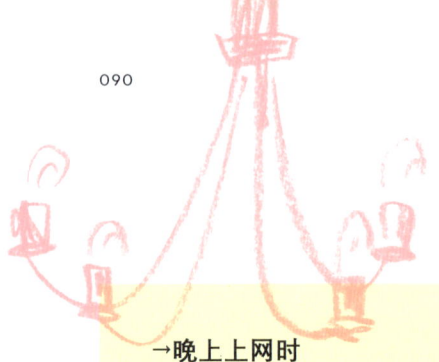

→晚上上网时

当我打开facebook和我的博客,浏览朋友们的生活状态时,有时会觉得很羡慕或者很嫉妒,有时会有一些意见,有时赞同或感同身受。对这些我都会清理。

🕐 23点

→睡觉

念完四句话才睡觉。

我如何度过休息日?

购物

在购物时,会把"好想要""好贵呀"这样的想法告诉内在小孩:"以前有过这样的体验呢!""把欲望清理掉吧!"这样一来,就会和更好的东西相遇,有些东西就不想要了。经过清理后再买的衣服会让我们遇到很好的人,也会让我们穿起来感觉很舒适。

只和内在小孩在一起的时间

在一个月当中,我一定会花几个小时跟内在小孩一起。记得有一次我应内在小孩的要求去散步的时候遇到了一件很有趣的事情。我平时并不是很喜欢吃甜食,但是那天在和内在小孩散步时听见一个声音说"我想吃冰淇淋"。于是我说:"知道了,那我们去冰淇淋店吧。"

当我到了那家店的时候,惊奇地发现学生时代的一个朋友在那家店工作。其实我有一件事情一直想向这个朋友道歉,内在小孩其实全都知道,我真的非常感谢他。

扫除

休息的时候，有时我会在家里大扫除。说老实话，其实我很不擅长扫除。首先我会把一些诸如"清扫好麻烦，让人讨厌"的负面想法进行清理。于是周围就变成一个可以让我清扫的环境。在用吸尘器的时候，我会对吸尘器说"我爱你"。一边清理一边打扫，就会发现一些从未发现过的墙上的污渍，也会清理由污渍联想起来的记忆。有时候也会在打扫中发现以前丢失了却怎么也找不到的东西，真是像魔法一样神奇。

在荷欧波诺波诺里面，有这样一段话很美好："穿过树叶的缝隙，反射在墙壁上的一点点光也是为了向你传达宏伟的历史。"发生的每一个现象，我如果能够去观察，就会明白我有清理整个宇宙的责任。

所以突然看到的墙壁上的污渍，也是内在小孩让你看到的，这时你要一边打扫一边进行清理。

换季时衣橱的衣服

季节更替的时候，是我们进行断舍离的时间，也是一个清理的好时机。"这些东西先不要扔"或者"以后还可以送人呢",如此这般的想法会涌出来。我会先把这些想法清理归零,然后再让这些衣服去休息。这样,等到第二年这个季节来临的时候,你就会怀着崭新的心情和这些衣服见面。

还有每天你丢垃圾的时候,也许会有"不想多看"和"尽快丢掉"的想法。垃圾也是信息的聚集,我走到垃圾收集站的时候,也会先说"谢谢你"进行清理。你觉得垃圾令人讨厌其实也没错,只是这个想法需要清理罢了。

约会之后

比起约会时的见面,反而是说再见后,会想很多关于这个人的事情。对我们自己来说,当我们度过了很重要的时间后,我们应该念"我的平静"进行清理并结束。

以上就是我的清理生活。只要我们自己进行清理,我们的职场、我们的家、我们的东西就会越来越好,它们渐渐都会帮助我们进行清理。你会感受到,不管什么场所、什么东西,它们都是让我们想起真正的自己是怎么样的,是把记忆呈现给我们看的。

把记忆呈现给我们看的就是内在小孩。所以在日常生活中,就算是琐碎的时间,都请尽量想起内在小孩,这点非常重要。

第三章·
实践中!
向荷欧波诺波诺的前辈们请教

吉本芭娜娜小姐

你和荷欧波诺波诺相遇是在什么时候?

我偶然在网上看到修·蓝博士的访谈，就立刻想要见这个人，于是我就报名参加了他的讲座。在讲座上我见到了爱绫小姐，并对她一见如故，马上变成了好朋友。从那时我就开始了清理。

你在日常生活中经常进行的清理是什么?

当我看见一些很痛苦的人，或是生病的人的时候，我就会对那个人的名字进行清理。

你最喜欢的清理工具是什么?

我最喜欢四句箴言。

你在实践荷欧波诺波诺的时候,感受到的最大的变化是什么?

总之就是非常有效果。

感觉所有的事物都会去它们应该去的地方。

现在你和内在小孩是什么关系?

和内在小孩在一起前行。

请告诉我一本你最推荐的荷欧波诺波诺的书。

当然是爱绫写的《阿啰哈!》这本书了。

你想和这本书的读者说些什么呢?

请读者们不管怎么样一定要尝试清理,一定会给你带来变化,而且是不可思议的变化。你的人生会回到你身边。

吉本芭娜娜,作家。1964年生于日本东京。日本大学艺术系毕业。1987年以《厨房》获海燕新人文学奖,次年再度以《月光/影》获16届泉镜花文学奖。后陆续获山本周五郎奖、紫式部奖等文学大奖。1993年获意大利SCANO奖。作品畅销不衰,被翻译成多种文字,备受世界各地读者关注,掀起"芭娜娜热"。

道端杰西卡小姐

你和荷欧波诺波诺相遇是在什么时候?

我是在2010年的春天遇见荷欧波诺波诺的。之前我在书店也看见过荷欧波诺波诺的书,但是从来没有打开看过。之后我开始找灵性成长类书籍,毫不犹豫地就把这本书买回去了。

你在日常生活中进行的清理有哪些?

最初读荷欧波诺波诺的时候,我就感受到了震撼。因为人生中体验到的所有事情都跟自己的内在有关,而且有自己能够解决的方法。

我最开始记住的是四句箴言。不管看见什么听见什么,都需要进行清理。当我读到这里的时候,我边读这本书边说这四句话进行清理。这好像变成了我的一个习惯，我在无意识当中都会念这四句话。有时候在睡着做梦的时候也说这四句话。这四句话已经深深地进入了我的身体当中，我可以非常自然地进行清理。

最近我会使用一些其他的清理工具，KR女士教我只有我自己可以用的工具。我把这些教给我的内在小孩，我们可以一起清理。

你最喜欢的清理工具是什么呢？

我最喜欢的仍然是这四句话。它们会自然地从我口中说出来。对我来说，这是最简单也是最有效果的四句话。

在你实践荷欧波诺波诺的过程中，你觉得有什么变化吗？

荷欧波诺波诺对什么都有效果。我觉得感受最大的是人际关系的变化。还有我能够真切地感觉到跟自己的内在小孩的联系了。我觉得这点非常棒！

现在你和内在小孩的关系是什么样的?

注意到一些事情，或是感觉到感情有波动（不管是好的波动还是坏的波动），我都会跟内在小孩说话。不只是跟他说话，还会感应他的存在，对他表示感谢，等等。我不会特意腾出一个时间来跟内在小孩说话，而是在不经意的时候与他连结。

请把你最推荐的书告诉我们。

SITH出版的和荷欧波诺波诺相关的书我都推荐。特别是KR女士的，她是这个世界上清理时间最长的人。她的《零极限的美好生活》把她和荷欧波诺波诺每天相处的方法，以及像KR女士这样的人也会碰到的烦恼非常真实地写了出来。我一边清理一边读这本书，能让我得到更多的勇气。

你要和这本书的读者说些什么吗?

荷欧波诺波诺是非常简单的解决问题的方法。由于太简单,也许刚开始的时候你不相信它会有用。不管是谁,不管何时何地,你都可以把荷欧波诺波诺带到生活当中。我希望荷欧波诺波诺会给更多人带来丰盛的人生。

  道端杰西卡,模特,1984年10月21日出生于日本福井县。活跃于女性时尚杂志、电视以及广告界。除时装模特,也活跃于设计师领域。曾著《杰西卡的话》。2013年1月担任夏威夷州观光局美丽亲善大使。

博客: http://blog.honeyee.com/jessica/

香川绘马小姐

你和荷欧波诺波诺是怎么遇见的?

2009年我在书店遇到了这本书,这就是我们的初次相遇。

你平常是如何进行清理的?

在做任何事情之前,我都会对这些东西进行清理。比如说坐出租车之前会清理这辆车,乘坐电梯之前会清理电梯,在使用这把椅子之前会对这把椅子进行清理。在写问卷回答的时候,会对这些问题进行清理(笑)。我会对物品说这四句话进行清理。我如果听见内在小孩的声音,我就会和他说话。我会对内在小孩说:"你好吗?"或是"我爱你。"

你最喜欢的清理工具是什么?

我最喜欢这四句话。它们让我和万物都可以交流。

你在实践荷欧波诺波诺的时候,感觉到变化最大的是什么?

就算我不主动行动,周围的状况也会自然地改变,问题自然被解决。所以荷欧波诺波诺是不可缺少的伙伴。

现在你和内在小孩的关系是什么?

我非常尊重内在小孩的意见。做任何事情之前,我都会和他商量。比如决定今天吃什么,或是在去买花的时候跟他商量哪家店比较好。我还常常跟他说"谢谢你,我爱你",来传达我的感谢。

你最喜欢的一本荷欧波诺波诺的书是什么?

我最喜欢的是《内在小孩》。

你想和本书的读者说些什么呢?

首先我想说,你先让自己变成一个傻瓜。

我们常常都以为自己的头脑很聪明,会用头脑想得过多,这样反而会不知所措。你可以尝试一次"其实我什么都不知道"。这样我们在进行荷欧波诺波诺的时候就更容易了。所以我建议大家让自己变成一个傻瓜,同时建议大家想象自己是正在上荷欧波诺波诺幼儿园小班的孩子。

因为小孩子们对知识,没有先入为主的观念。他们会对老师所说的东西全部相信,没有任何怀疑。

如果老师说:"你的心中有个小孩子叫尤尼希皮里。"

孩子们就会回答说:"知道了。"

如果老师说:"只要说'我爱你',所有的问题都会得到解决。"

孩子们就会说:"好的,知道了。"

如果这样的话,我们的清理就会容易太多了。

所以,欢迎大家来到荷欧波诺波诺幼儿园!

香川绘马，模特，1982年3月30日出生于日本鹿儿岛。是日本第一本美容杂志《VOCE》的专属模特。从美容开始，有涉及红酒、园艺、漫画等多个兴趣爱好。现在频繁出现于《LEE》集英社、《AND GIRL》、《Oggi》等杂志。2011年结婚，现在是一个一岁孩子的妈妈。

官方博客：http://ameblo.jp/emak-poi/

服部美莲小姐

你和荷欧波诺波诺相遇是在什么时候?

有一个非常值得信赖的朋友告诉了我荷欧波诺波诺的存在,我读了书以后就迅速地把这种方法带入我的生活当中。

这大概是2008年秋天的事。

你日常进行的清理是什么?

我会说"谢谢你,对不起,请原谅,我爱你"这四句话,不管在任何时候任何地方,我都会说这四句话。

我还会触摸着树叶说"冰蓝"。我常常这样做。

我也常常做对于场所的清理。不管去什么地方,去这个地方的途中以及对眼它有关系的所有的东西、人，我都会进行清理。
除此以外在讲座上学会的清理工具也会根据不同的场合来灵活地使用。有时候我会吃虾和荞麦面来进行清理，有时候我会吃香草冰淇淋进行清理。我也很喜欢想象把多余的想法放进排水沟流走这样的场景来进行清理。还有吃棒棒糖，或者把棒棒糖放在家里。

另外如果我看到或听到关于核能放射的事，以及与其有关联的记忆出现的话，我就默念"洋红、洋红、放射能"来进行清理。
我也非常喜欢照顾内在小孩。和内在小孩讲话会如此放松，令人惊讶。有时当我觉得自己很有精神的时候，却发现内在小孩很气馁。有时也会注意到一些意想不到的事情。在跟内在小孩讲话的时候，可以不用头脑思考，而是完全体验当下，这让我非常开心。

最推荐的清理工具是什么?

我最喜欢的清理工具是四句话和"冰蓝"。我也喜欢和桌子、椅子、房间说话。我出门之前,我都会对房间说:"谢谢你,我不在家的时候就拜托你了。"当我回家的时候,就会注意到屋子的状态有所不同。

我还非常喜欢清理期待,每当我出现一些期待的时候,我都要对它们进行清理,这些对我来说都是非常好的礼物。

实践荷欧波诺波诺后你感受到的最大的变化是什么?

在我和荷欧波诺波诺相遇之前,我常常会在超市看见母亲斥责孩子,或者常常在电视里看到虐待儿童的新闻,可是在我持续清理一段时间以后,我就再也看不到这些了。

还有一次在我家附近的邻居之间出现了一些问题,虽然我无法站出来去解决这些问题,但我对事件持续进行清理，不久问题就自动解决了。

最重要的是，意识到所有的事情都是百分之百由我自身负责（虽然我还没有完全做到这一点，但是我常常提醒自己）。在这样做之后，我收到很多惊喜，所有的事情都会朝美好的方向发展，这是对我来说最大的变化。

现在你和内在小孩的关系是什么样的？

早上当我在挑选衣服的时候或者我在超市购物的时候，我都会跟内在小孩说话："今天想穿什么衣服？""今天想吃什么呢？"如果我累的时候，我也会问他："你现在感觉怎么样？"有时候他会给我一些很好的灵感。这时我会去想象内在小孩的颜色、动作。这样想象的时候，我就会知道现在真正应该做什么。很多时候内在小孩是非常开心的，让我也禁不住笑出声来。他还非常幽默，又非常正直，跟他说话真是一件非常令人开心的事。

你最推荐的荷欧波诺波诺的书是什么？

我最推荐的书是《内在小孩》《富在工作》以及《零极限的美好生活》，还有SITH亚洲事务局所发行的小册子也非常推荐。

你想和本书的读者说些什么呢？

我在读了这些书籍之后就立刻受到了感染。随着清理我对荷欧波诺波诺也越来越了解。刚开始并不了解为什么，只是不断地用四句话清理，在不断的清理中就有了很多的体验。不用头脑去判断懂还是不懂，而是在去判断之前就决定去做还是不做，带着这样一种心情去尝试的话，你就会得到很好的结果。反正做这些也不用花钱，不会受伤也不会损失什么，我建议大家都尽量尝试一下。我在做这个问卷的时候，有跟爱绫小姐见面，她告诉我过去也可以被清理。我真的觉得荷欧波诺波诺对我来说是非常有益的存在。

当你持续清理的时候,你会得到一些超乎想象的惊喜。你把这些当作必然的时候,你就又得到动力去继续清理,然后体验回到零的感觉。

服部美莲,文学家、诗人,《妈妈杂志》的编辑长,也销售一些治疗女性的小产品和书。曾著有《变成新的自己》、《最适合你的食物的ABC》(WAVE出版),和加藤俊朗先生共著《恋爱呼吸》(中央公论新社),最近著有服部美莲《治疗血冷症的100个方法》等。

官方博客:http://hattorimirei.com

小柳丽莎小姐

你和荷欧波诺波诺是怎样遇见的?

大约三四年以前吧。我本身非常喜欢夏威夷，常常一到夏威夷我的心情就变得非常明朗。我常想"为什么会这样呢？"我总是觉得夏威夷的空气非常特别，每三四天全岛的空气就好像全部被净化过一遍一样。当我的朋友告诉我关于荷欧波诺波诺的事情的时候，我突然意识到空气的净化一定跟这些有关系。于是我就开始寻找相关的书籍，几天后居然偶然结识了平良爱绫小姐，然后我俩变成了朋友。我觉得我们是因为荷欧波诺波诺才被联系在一起的。

日常生活中经常用的清理工具是什么？

我在日常生活中都尽量用四句话来清理。

你最喜欢的清理工具是什么？

我最喜欢的是四句话。我去夏威夷的时候，将荷欧波诺波诺的书带到沙滩上不断重复阅读。我的心情会变得更加轻松，也有被这本书疗愈的感觉。

在实践荷欧波诺波诺的时候有什么变化？

我觉得我的内心发生了变化。以前不管发生什么事情我都会一个人扛着。因为我经常站在领导别人的立场，不得不考虑一些商业上的得失。虽然我很喜欢工作，也觉得工作很有意义，但是经常这样绷得很紧让我的身心非常紧张。

每当我来到度假酒店休假的时候，也许是因为一直紧绷的神经放松下来了吧，我会大声地哭出来。那时候我的心灵和我的身体是分离的。

当我开始实践荷欧波诺波诺之后，我觉得我的心里开始有一些空闲的地方。不管多忙，不管发生什么问题，我都不会把弦绷得太紧。总在心底某个角落留有一些空隙，让我还有一些空间去考虑别的事情。我认为这个就是灵感降临的空间。

我在几年前被医生诊断为年轻性脑梗塞，那时也是荷欧波诺波诺支撑我走过来的。当时的我完全接纳生病这件事，而且因为及时地发现和治疗，我现在可以跟以前一样工作，我非常感谢一直支持我的员工和家人。

你和内在小孩的关系是什么样的？

我常常逼自己要非常努力，但是当我觉得自己无法承受的时候，我也会接纳自己说一些比较软弱的话，我想这就是内在小孩的声音。

你最推荐的荷欧波诺波诺的书是什么？

我喜欢的书是《荷欧波诺波诺的幸福奇迹》。当我知道四句话之前，我一直觉得"谢谢你"和"我爱你"这两句话非常重要。我读完这本书后再次确认了这四句话的重要性，这本书真的是我一边点头一边看完的。

你想对这本书的读者说些什么呢？

刚开始的时候不要考虑过多，只要实践这四句话就好了。这样你会对自己更好，也会对周围的人更好。荷欧波诺波诺会让你的人际关系以及时间的流淌变得更加顺畅。

　　小柳丽莎，时尚设计师，1974年4月3日出生于日本东京。2002年以"可以变得happy"为理念推出成人休闲品牌"rich"。

体验谈
我与荷欧波诺波诺的故事

每个人清理会得到不同的效果,大家都会通过清理更爱自己,从而心情愉悦地生活。下面是对一些正在实践清理的朋友的采访。

> 不去担心,顺其自然,我成功地进了梦寐以求的公司
> （太田优子,28岁）

大学时代我就遇到了荷欧波诺波诺,但是真正认真开始清理却是在这两年。

正在我考虑跳槽的时候,读了KR女士的《零极限的美好生活》这本书,自然而然地把这个方法带入了我的生活。我每天早上和晚上都会说这四句话进行清理,而且开始使用荷欧波诺波诺手账。

让我觉得变化最明显的是跳槽成功了。进入到了曾经挑战过的一个完全不同的职业,并进入了理想的公司。

以前我是一个容易被人际关系困扰、容易有多余担心的人。发生过的事情都会藏在心里。自从我开始清理以后,烦恼解决的速度变快了很多。任何事情都有适合与不适合,与其无谓地烦恼,还不如把事情放下任由其自然发展。能做到这些都是荷欧波诺波诺的功劳。

在我跳槽以后，虽然也有为工作上的事情烦恼。正在这时部门发生调动，我被调到了一个更想去的部门。在新的部门，同事们都跟我说："你好像以前就在这个部门一样，好融入呀。"我实际工作起来也非常顺心，感觉能够充分展现自己。我觉得这个部门真是太有趣了，我拼命努力想要回应周围的期待。这时，有一位没有接触过荷欧波诺波诺的同事对我说："你不用为了回应别人而过分努力。"好像是从荷欧波诺波诺收到的信息一样。

以前我是一个优柔寡断的人，在做决定以前都会考虑很久，决定了以后仍会对这个已经下的决定犹豫很久。现在的我不会去过多烦恼，而是在每一个时刻倾听内在小孩的意见，遵从灵感的指引。

今后也会遇到很多事，但我相信只要我进行清理，哪怕是发生好事，我也不会执着，做回自己。

> 完全接纳自己,也就可以接纳别人了
> (S小姐,33岁)

2013年9月的时候,我遇到了荷欧波诺波诺。因为我想了解更多潜意识的事情,上网查找的时候遇到的。

从那时开始我每天都在心中重复这四句话。当时我身边所有的事情都不顺。我住在市中心,每天都去俱乐部或是参加舞会,过着刺激又奢华的生活。当时我认为这种生活非常适合自己,我也过得非常开心。我处在一种执着于大都会生活的状态。渐渐地,我感觉到身心疲惫,所有的事情就开始不顺了。我太执着,也太在意旁人对我的看法。每天努力地挣扎着。

但是自从我开始清理以后,我自然地开始觉得原本的自己也很棒。穿自己想穿的衣服,不去迎合别人的喜好,渐渐地,我变得轻松起来,烦恼也越来越少了。

以前的我如果碰到不愉快的事,都会怪罪旁人或环境,抱怨不停。对人的态度也很极端,在发生争执的时候,不反省自己,总是找别人的毛病,但是当我能够接受本来的自己以后,我开始变得可以接受别人了。荷欧波诺波诺让我真正意识到"答案其实全部都在自己的心里"。这对我的改变很大。

于是我搬家了,我从大都市的中心搬到了一个比较僻静的住宅区。比起以前的地方,这里让我觉得非常放松和舒服。这里的瑜伽教室、美容院以及牙科医生都是最适合我的,都是让我觉得最舒服的。我在这个非常安静的场所,非常放松地生活。我觉得我是自然而然地被吸引到这里来的。

总之不用绷紧神经,而是每天感到幸福,生活怎么这么轻松这么快乐呀(笑)。以后我也会坚持不断地清理,过真正适合自己的生活。

> 曾经以为自己没有价值，
> 现在却可以自然地度过每一天
> （莫伊子小姐，22岁）

我是一个月以前接触到荷欧波诺波诺的。一个朋友觉得很适合我，就借了一本关于荷欧波诺波诺的书给我。我读完以后产生了非常大的共鸣，我迅速地理解到自己是被记忆困住了。我试着用四句话来清理痛苦的记忆和美好的记忆。

没想到三天以后发生了巨大的变化。其实我一直以来都没有办法很好地读完并理解一本书的内容。因为在我读书的时候，一个一个蹦出来的单词会困住我，给我很多联想的画面，让我没有办法通读一本书（《荷欧波诺波诺的幸福奇迹》这本书是我完整读完的第一本书，我觉得非常不可思议）。可是当我一边对书进行清理一边试着读下去的时候，我发现我可以很顺利地读完一本书了。我真是太惊讶了。

还有其实我是一个没有办法整理的人，但是现在我却突然不能忍受周围不整洁的空间，开始用蓝色太阳水进行打扫了。对于这个变化，我的父母和男友虽然觉得有些不可思议，可还是替我高兴（笑）。

我曾经认为自己是没有价值的人，大学生活也不开心，也为人际关系所烦恼。碰到我不喜欢的课程，当天早上我的身体就动弹不了，甚至还为此休学了一段时间。

我也常常简单粗暴地定义周围的朋友，觉得这个人就是这个样子。对男友我也常常只考虑自己的需求，而不去考虑他的感受。我的父母工作很忙，我曾经想着要帮着做家务，但始终没有这样去做。最终我陷入自我厌恶，被自己的情绪压到喘不过气来。

开始练习荷欧波诺波诺还不到一个月，我就惊讶于自己怎么会变得这么放松。现在我也能真心地跟父母说我要帮助做家务了。虽然父母说："谁知道能够持续多久呢？"（笑）

我会很珍惜这个机缘，让我和每天给我带来改变的荷欧波诺波诺相遇。

> 金钱的问题也是自己的记忆
> 跟爱犬一起与病魔做斗争让我了解到清理的重要性
> （平良贝蒂小姐，55岁）

我是SITH亚洲事务所的代表平良。

我是2005年的时候遇见荷欧波诺波诺的。通过一个朋友的推荐，我来到了洛杉矶的课堂听讲。当时我是一个"课虫"，专注于各种关于心灵成长的课。虽然如此，我已经开始对这些课程不抱希望了，或许"我的人生也就这样了吧"。所以最初我对荷欧波诺波诺的课并没有抱太大的期待。

可是当我参加课程开始试着清理的时候，我突然在冥想中体验到一种特别的寂静，让我的身心都非常通透。这太棒了！我突然决定，我要让日本的朋友们也知道这个课程。于是我就邀请了修·蓝博士来日本演讲。这就是开始，一直到今天。

我自身的体验非常多，对我来说印象最深的一个是对金钱问题的解决。

我原本出生于一个非常富裕的家庭，由于家族事业的失败反而受了很多苦。这个经历让我对金钱有很深的执着。让我进一步意识到这一点的是爱犬的死。

当时我的爱犬被发现得了癌症，于是我马上被介绍到东京一家一流的动物医院。当时我一心想着治好我爱犬的病，可是却眼见它一天一天衰弱下去。当时我每天非常认真地清理我的悲伤情绪和我对它的怜悯。突然我意识到每次当我在付治疗费的时候心里就会觉得"好贵啊"。

爱犬的生命是没有办法用金钱衡量的，当我意识到自己有"治疗费很贵"的这种感受的时候，我就知道是内在小孩给我呈现的记忆，于是我就继续清理。我意识到幼年时期对金钱的恐惧还留存在体内，于是我就开始对金钱说"我爱你"，来进行清理。

不久，有一位朋友给我介绍了另外一家医院。在那家医院，狗可以和主人舒服地度过生命最后的时间。不仅如此，这家医院比之前那的治疗费便宜一半多。当我释放了对金钱的恐惧之后，不光是金钱方面，在精神层面以及治疗技术层面，我都找到了对爱犬也对我最好的地方，我感受到了巨大的喜悦。本来被宣布只有一个月生命的爱犬在那里舒适地度过了生命的最后半年。最后它离开这个世界的时候也很安详，它给我们带来了无可替代的宝贵时间。

我也认识到自己一直对金钱的执着和愤怒是对我自己的折磨，而爱犬的病却给了我清理的机会，我发自内心地感谢它和我的内在小孩。

荷欧波诺波诺是让我们能够轻松生活的一个道具，我们不用努力去积极正面地思考，我们只需要接受自己的本来面目，爱我们自己就可以了。我常常想如果我在更年轻的时候遇到荷欧波诺波诺就好了。这样我可能会成为一个更好的母亲吧。我现在的这种想法也是必须要清理的（笑）。

终于明白了！
KR 女士的烦恼解答室

我们用一问一答的形式向 KR 女士请教
我们在人生中容易产生的一些烦恼

关于自己

问题：我无法忘记被欺负的记忆

当我还是小孩的时候有过被欺负的经历，现在还时常想起。每当我回想起那些事的时候，我都会念这四句话。但是好像还是没办法忘记。难道是我的清理方法错了吗？（美容师，23 岁）

回答：请试着把受伤的体验对内在小孩说说吧

提这个问题的朋友及读这本书的朋友，还有我，我们心中都会有与"被欺负"相关的记忆。所以我们有时会亲身体验，有时会看到或者听到这样的事，没有一样东西是跟自己没有关系的。我们每个人都拥有整个记忆，但每个人体验的方法都会不同。

你没有别的选择，只有去清理。每当你想起这件事情的时候就是需要清理的时刻。不管你经历的是什么样的体验，你要当成"这就是我的记忆"，在这个世界上，只有你能够对这件事情进行清理。

有"被欺负"经历的人，当你想起当时学校的名字，欺负你的人的名字、旁观者的名字、老师的名字，那时候的感受，或者任何跟此事件有关的事物，只要想起就都需要进行清理。如果你曾经看到或听到一些霸凌事件，也要对这个经历进行清理。

当你这样清理的时候，内在小孩会把造成这个问题的根本原因的其他记忆也收集起来集中清理。

所以你觉得自己已经在清理"被欺负"的体验了，实际上还有很多根本性的原因没有呈现出来。

我在清理这些对我造成伤害的体验的时候，会像这样去跟内在小孩说话："我感到悲惨和恐惧还在我的心中。"作为我们自己一部分的内在小孩，常年都被这些记忆困扰着。

虽然时间过了很久,但是这个痛苦的感觉还会持续,让你不能停止想起过去。清理的价值就在于把这些记忆释放掉,给它们自由。从那时开始,你才可以真正地做回自己。

问题:我对自己的容貌没有自信

我对自己的容貌非常自卑,对自己也没有自信。我会嫉妒那些长得漂亮性格也好的朋友,我很痛苦。有时候我会在背后说他们的坏话,我觉得自己简直太卑鄙了。请告诉我,对自己的容貌感到悲观该如何清理?(学生,20岁)

回答:让我们坦诚地对情绪以及体验进行清理吧

首先我觉得你对自己目前的状态有一些察觉是很好的,你没有掩饰,而是非常坦诚地分享出来,非常感谢你。

你有时会有"我很讨厌我这里"的这种体验,那就从这里开始试着清理吧。"我不喜欢我自己"这种想法也是一种记忆的再生。

虽然你有理由说："因为我做了这种事情，所以我是很卑鄙的，所以我很讨厌自己。"但是荷欧波诺波诺不会阻止你。

先诚实地对涌出的感情和体验进行清理吧。不管觉得自己多么糟糕，请在清理的过程中温柔地和内在小孩接触。积累了这么多的感情终于有了释放的机会，诚实地进行清理最重要。

比如说，你在清理对自己的容貌自卑的过程中，对父母的一些感情或是你曾经经历的一些被歧视的体验会涌现出来。如果想起来的话就把它们也一并清理掉吧，不要用头脑去判断这个需要清理而那个不需要。

在进行清理的过程当中，最重要的一点是你的身体也在听你的话，比如说"我讨厌自己的鼻子"，即使你只是在心中这么想了一下，也会传达到你的鼻子，你的鼻子也会听见。如果是我的话，我会说："我在体验讨厌自己的鼻子。我爱你，我爱你。"这样来对体验进行清理。也许开始你会觉得很奇怪，可是被这种想法所束缚的不是别人，正是你自己。所以说"我爱你，谢谢你"，你和你鼻子之间的记忆就会被清理掉了。你的鼻子也是一个自我的存在。所以只要你释放掉这个记忆，你的鼻子也会释放掉这个记忆。

我见过很多与年龄无关的散发着光芒的人们。其实外貌根本不是问题，问题是你身体当中的记忆。

还有你对别人的羡慕和嫉妒，其实也是所有人共通的记忆。

最重要的是你想一直被这个记忆束缚，还是想在感受到嫉妒的时候进行清理，你可以做出选择。当你感受到嫉妒，进行清理；感觉到愤怒，进行清理；感觉到罪恶感，进行清理。听上去好像很简单。这样让堆积在你内部不必要的记忆有机会得到清理，你也有机会做回真正的自己，从而展现你原本的美丽、光辉、正直和温柔。

问题：我讨厌八面玲珑的自己

我因为不想被别人讨厌常常去迎合周围的人。但事实上我是一个非常毒舌腹黑的人。最近我开始讨厌八面玲珑的自己，可是我担心如果说了真心话，就会得罪很多人。最近我常常会想，真正的自己到底是怎么样的人呢？我越想越不明白。我应该清理自己的什么地方呢？（办公室职员，25岁）

回答：在一天开始之前进行清理

不管你处在什么状态，都希望你能够回想起荷欧波诺波诺的基本。

我们究竟是什么人？当你失去自信的时候，当你无法喜欢自己的时候，你就要想起荷欧波诺波诺的这张图。看着这张图的时候，再次确认一下这个问题。常年进行清理的我都会每天看一遍这张图进行再次确认。

有时在快要迷失自己的时候，要请求内在小孩的帮助。因为至今为止我们堆积了太多感情，让内在小孩产生了混乱。

于是在一天开始之前进行清理非常重要。然后在出门之前进行清理，在去上班的电车上进行清理。因为太忙会忘记荷欧波诺波诺，所以尽量在一天刚开始的时候进行清理。你可以对内在小孩说"我在进行清理"来让他放心。这样一来，所有的事情就会自然地朝好的方向发展了。

还有一点是大家常常问我的："我说不出想说的话。我讨厌说不出真心话的自己。"

其实想说的话没法说，这种困扰正是内在小孩的记忆。他一直在跟你说话,可是长年以来你都无视他的存在,这会让他非常苦恼。所以你不一定要逼自己去公司说出想说的话,不如把这种说不出来的苦恼和内在小孩一起进行清理。

关于恋爱
问题:总是遇到渣男

我的恋爱运一直不好。每次都感觉对方"一定不会错,应该是很可靠的男生吧",可是一旦交往,不是被骗,就是被偷钱,或是对我使用暴力,遇到的全部都是渣男。请给我一些建议。(销售员,30岁)

回答:释放你对男性的期待

当我听到这个问题在心中清理的时候,浮现出了"期待"这个词。你一定会有"如果我遇见这样的人该多好"这种期待。

在荷欧波诺波诺里面,不管什么样的人,都是为了给你提供清理的机会才出现的。所以现在这个瞬间,你被这样一个男性吸引,这个人作为渣男出现在你的眼前的话,那么这个体验不是别人,而是你必须要进行清理的。

在去约会之前进行清理是非常重要的。你首先要调整你自己。不是去费力化妆,不用穿不习惯的高跟鞋,做"真正的自己"才是最有魅力的。在约会当中,当你浮现"刚才进那家店的时候,他如果对我女士优先该多好啊"或者"这个下午茶要是他请客该多好啊"等想法时,使用任何清理工具都可以,请立刻在内心对它们进行清理。你也可以尝试跟内在小孩说话,比如说:"你又受伤了吧?"不要把感情硬生生地按下去。通过在心中的清理,内在小孩会把对你来说最完美的状态传递给你。内在小孩是非常厉害的,也许你跟男朋友说再多遍他也不一定收得到,可是只要你的想法传递到内在小孩那里,他就会以一种非常完美的形式把这个讯息传递给对方。

再比如说,如果你想:"他的这个毛病如果不改的话,结婚后一定会很惨。"就算你没有说出口,你的想法也会通过能量场传给对方。这样的你会使对方无法表现出真正的自己。所以,请你首先把你心里所有对男性的期待进行清理。你和你的内在小孩的关系是什么状态,这种状态往往会变成现实投射出来。是不是真的很不可思议呢?

问题:我不能停止爱上已婚男子

很多年我都一直在跟一个已婚男子交往,我也多次跟他分手。可是过了几个月我就开始觉得寂寞,又主动跟他联系,又重新在一起。我非常向往幸福的婚姻,也很想有一个自己的家庭。可是我怎样都不能从这场婚外恋中跳出来。(公务员,35岁)

回答:"我爱你,我爱你。"
哪怕一瞬间也好,向内在小孩说这句话

在荷欧波诺波诺里记忆是没有好坏之分的,喜欢某个人、讨厌某个人都是因为记忆再生造成的。所以这并不是什么坏事。在你的内部,非常强烈的记忆被再生投射到现实当中,就以你喜欢某个人的形态表现出来,所以还是要对这个体验进行清理。

刚才你说："我总是被那个人吸引，虽然想放弃但总也放弃不了，然后又在一起。"这些不是因为对方，而是你内部的记忆又被再生，让你体验这种记忆而已。对方的形象不能从你的脑海中离去，在这个时候哪怕一瞬间也好，对内在小孩说话吧，对他说"我爱你"。

这样做的话，记忆就会被消去，你的原本应该有的稳定的状态就会重新表现出来。在某种意义上，中毒一样的人际关系也是一种问题的呈现。

我非常推荐蓝色太阳水，在洗澡的时候把蓝色太阳水浇在自己身上试试看。

这样你通过清理，通过爱自己，让对自己来说真正重要的事情自动呈现在你面前。

问题：男朋友的移情别恋

我的男朋友常常喜欢移情别恋，我怎样才能通过清理来让他改掉这一点呢？（护士，28岁）

回答：你应该去清理自己有一个移情别恋的男朋友这种体验

通过荷欧波诺波诺是不能改变别人的。你应该清理造成"我的男朋友喜欢上了别人"这种体验的记忆。是你在体验这件事，你在这个状态当中，你要把焦点聚焦在自己怎样从这个状态中跳出来。所以清理是有效的。通过"你的男朋友喜欢上别人"这件事，你体验到的感情有"沮丧、悲伤、嫉妒、丧失自信、愤怒"，这些你都应该认真地一个一个去进行清理。

你的问题是："他怎样才能改掉这个爱上别人的毛病呢？"你想改变他，但你应该从"体验着跟一个移情别恋的男生交往""喜欢上一个会爱上他人的人"的自己着手，直接对自己的内在进行清理是最明智的方法。

你无法过他的人生对吗？你不用改变他。你应该把堆积在自己内部的垃圾和记忆进行清理。首先做回自己才是最重要的，你无法对自己做的事谁都没有办法。你不爱自己的话，谁也不会真正地爱上你。

关于工作上的事
问题：我感受不到我工作的意义

我曾经有当设计师的梦想，但是我放弃了，到一家公司做着事务的工作。每个月都拿到固定工资，在办公室和大家相处也还愉快，我非常感恩。可是我感受不到我的工作有什么意义。虽然我知道我自己没有成为一个设计师的才能，在内心也说服了自己。但是放弃梦想，总让我觉得心里受伤。

回答：接下来的路取决于你的清理

荷欧波诺波诺带给你的是"真正的自己"。只有通过清理你才会释放掉堆积在你心中的不需要的记忆，你才能找到真正应该做的事。建议你这样去想象："在每天清理的延长线上会自然呈现什么对我来说是真正正确的，什么是真正应该做的事。"

所以，你现在不知道"设计师"这个职业，是不是你真正应该做的事情。说服自己放弃梦想，抱怨现在的工作都没有意义。你从"想当设计师的梦想"当中体验到的所有一切：受伤、放弃、兴奋、雀跃、失去自信，等等。清理所有这一切才是你遇见"我想当设计师"这个梦想的真正意义。

在清理的延长线上，你的梦想也许会实现，也许不会。但是当你这样进行清理，在现在的公司你也许会碰到完美的结婚对象，也许你会发现别的非常想做的事。通过清理会让怎样的道路展现在你面前，虽然我不知道，但是灵感会为你指引对你来说最完美的道路。请清理"想当一个设计师"的梦想给你带来的种种体验吧，你会越来越发光。

退一步，你可以重新审视一下自己现在所在的位置。你觉得现在的公司很好，能够这样说的人其实并不是很多。这个世界在向你说hello，然后给你指一条道路。所以你应该先清理现在的地方，重新找回自己。

问题：我工作的公司一个接一个倒闭

现在我在我人生的第三个公司工作。过去的两家公司都倒闭了，现在公司的业绩也非常不好，会不会也倒闭呢？我非常不安，工资也是一次

比一次少。是我在选择公司的时候犯错误了吗?还是我自身有什么问题呢? (公司职员, 30岁)

回答:把对公司的特定的判断和猜测进行清理

你看问题的方法很好。不是其他任何人,而是你处在这个状态下,"搞不好是我的问题造成了事情的发生"。这是荷欧波诺波诺的出发点。

说不定你对每次的公司都有特定的判断或者先入为主的猜测。有时候你可能会想"这是这样的一家零售业公司,所以应该是这样吧"。如果你曾经这样想过,就请先进行认真的清理吧。

不只是你,很多员工、经营者以及合作者都会对公司产生很多的判断和猜测。公司被这么多的思考和猜测压垮,本来应该有的作用与才能也会发挥不出来。

公司跟人一样,也是有人格的。它被这么多的记忆压住就没有办法发挥自己了。你应该清理每天透过公司体验到的事,以及透过以前公司倒闭体验到的想法、感情。通过清理,首先你自己会变得自由,现在的公司和以前的公司给你带来的记忆也会消去。

请在清理当中加上公司用来管理金钱的一切工具,比如银行、信用卡、财务部的信息等。把这些全部写出来,然后在心中默念"我爱你",对自己的工资也做同样的清理会很有效。

问题:同事升职不公平

跟我同时期进入公司的同事升职,我感到非常沮丧。我觉得我的成绩更好也更有实力。但是她更会讨好上司,上司更喜欢她。我觉得这样是不公平的,觉得自己受到损失。(公司职员,32岁)

回答:从公司回到家时,在进入家门前进行清理

你所说的这件事不论你是否意识到,都是在漫长的人类历史中不断被重复的记忆。这也是我们所有人都会以各种不同的方式参与的一个问题。男性、年长者的支配,会让女性体验不自由、不平等,这些都是记忆带来的结果。

首先试着清理你对这个同事产生的想法吧,还有你遭受的

不公正的待遇以及你受到伤害的这些体验，还包括你对自身的一些想法。

我建议你从公司回家进入家门之前，先清理这一天所有的体验再进入家里。就算经过了清理，你的心情也不会马上就好转起来，即使如此你还是要进行清理。通过进入家门之前的清理，状况会发生很大变化。

还有尽量每天对自己说"我爱你"。即使不带感情地说也可以。这样，清理就会传给内在小孩，把不需要的记忆消去，把你本身所有的完美状态朝外呈现出来。

这样，上司和同事就会不再是从他们的记忆里面看你，而是从灵感那里看你。现在的状况虽然会让你痛苦，但是长时间以来一直积累的痛苦回忆终于是时候释放了。你找到了这个机会，所以进行清理吧。

关于父母
问题：我跟母亲非常不和

一直以来我就跟我的母亲意见不合。母亲是一个想到什么就说什么的人。我每次都因为她的言行而受到伤害。就算我拜托她"求你不要这样说",她也总是以"不知道你在说什么"而一笑了之。我长大独立后,开始跟母亲保持距离,可是母亲会渐渐老去,这样的母女关系让我觉得寂寞。但是我也不知道该和我的母亲建立怎样的关系。(教师,37岁)

回答:在跟妈妈说话之前,试着清理吧

荷欧波诺波诺教给我们,就算是家族之间的问题也要从自身开始清理。任何家庭成员都是由"家族的纽带"结合在一起的。"纽带"通常是好的意思,可是在荷欧波诺波诺里,纽带代表缠绕,应该当作记忆被清理掉。

远古的说不清道不明的关系,当时没有完全被消化的一些记忆会留存下来,在今世作为一个家庭的形式相聚。所以存在问题是理所应当的。问题是记忆呈现给我们,让我们进行清理的。

让我们来看一下你妈妈的情形吧。首先她并不只是母亲,她还是某人的女儿,也是某人的妻子,也是某人的朋友。虽然

对你来说她只是母亲，但同时她作为一个完整的人也在体验着很多个不同的角色。她本身就是一个完美的存在，而且跟你一样再生着记忆，并同样被记忆驱动着。

跟你在一起的时候，她体验着做母亲的角色，于是就有很多跟母亲有关的记忆被再生出来。可是跟她在一起因为她所说的话受伤，或是感受到愤怒的人是你，所以是你应该进行清理。厉害的是，从你那里被清理的记忆，也会从你母亲那里被消除掉。开始，你也许会觉得没什么改变，但是慢慢地你就会改变了。

告诉你一个窍门，在你和你母亲说话之前进行清理。说那四句话也可以。如果你是和母亲住在一起，在你走出你的房间之前，请试着做HA呼吸法。在你们一起吃早饭、开始对话之前，先通过荷欧波诺波诺对自己进行调整。

还有一点，请试着每天把你对母亲的期待也进行清理。

"母亲应该温柔地说话。""别人的母亲是这样，她也应该这样。"如此种种。每天你在不知不觉中形成了"你应该这样"的一种期待。也许正是你的这种期待把对方好好展现自己的机会给剥夺了。

我有一个角色是八个孙辈的祖母。同时，我和我的母亲在一起的时候我也体验着做女儿的角色。虽然今年我已经这把年纪，但跟妈妈在一起的时候，真的有很多很多需要清理的机会。清理之后，我再跟她说话，会觉得自己和她都是独立的充满着魅力的女性。在这个时候，我就会从她那里体验到被爱的幸福。

写在最后

当你和内在小孩携起手来，

当你和内在家庭成员相遇的时候，

"真正的自己"的轮廓就一点一点地鲜明起来了，

这正是宇宙给你带来的财富。

清理之旅马上就开始了，

对开始旅程的每一个人，

接下来在你遇到问题的时候，

要把这句话放在心里的某一个地方。
清理，
清理，
释放，
释放，
回到你内在的港湾吧。

我的平静

修·蓝博士

{ # 附录 荷欧波诺波诺清理笔记
}

作者简介

【美】伊贺列卡拉·修·蓝
(Ihaleakala Hew Len)

"宇宙的自由·大我基金会"荣誉主席，教授解决问题和释放压力的课程长达四十年，并曾在夏威夷州立医院担任了三年的临床咨询心理学家，治愈了医院里多名患有精神疾病的罪犯。这些年来，他与多个组织的上千人一起工作过，这些组织包括联合国教科文组织、国际人类合一会议、世界和平会议、传统印度医学高峰会、欧洲和平疗愈者，以及夏威夷州立教师协会。他从1983年起就在全世界教导新版的"荷欧波诺波诺"疗法，曾经三次与夏威夷治疗师莫娜·纳拉玛库·西蒙那一起在联合国介绍这个疗法。

【美】卡迈拉·拉斐洛维奇（KR）

住在夏威夷钻石山山麓，是莫娜·纳拉玛库·西蒙那女士所开创的"荷欧波诺波诺回归自性法"的继承者。在现存的荷欧波诺波诺实践者中，是清理时间最长，而且直接接受莫娜女士指导的少数训练者之一。取得了企业管理硕士学位与按摩治疗师，在夏威夷经营不动产，并为实践荷欧波诺波诺的个人或经营者提供咨询与身体治疗工作。

图书在版编目（CIP）数据

荷欧波诺波诺初体验 /（美）伊贺列卡拉·修·蓝著；
（美）卡迈拉·拉斐洛维奇著；曹莺译. -- 北京：中国
青年出版社，2023.6
ISBN 978-7-5153-6844-3

Ⅰ.①荷… Ⅱ.①伊… ②卡… ③曹… Ⅲ.①幸福—
通俗读物 Ⅳ.①B82-49

中国版本图书馆CIP数据核字(2022)第245745号

著作权合同登记号：01-2017-1053
HAJIMETENO HO'OPONOPONO by
Ihaleakala Hew Len & Kamaile Rafaelovidh
Original Japanese edition published by Takarajimasha, Inc., Tokyo.
This Simplified Chinese edition published by arrangement with
Takarajimasha, Inc., through Wealthdota. Inc., Japan.

荷欧波诺波诺初体验

作　　者：［美］伊贺列卡拉·修·蓝　［美］卡迈拉·拉斐洛维奇
译　　者：曹莺
责任编辑：吕娜
书籍设计：瞿中华
出版发行：中国青年出版社
社　　址：北京市东城区东四十二条21号
网　　址：www.cyp.com.cn
经　　销：新华书店
印　　刷：山东新华印务有限公司
规　　格：787mm×1092mm　1/32
印　　张：5.5
字　　数：90千字
版　　次：2023年6月北京第1版
印　　次：2023年6月山东第1次印刷
定　　价：69.00元
如有印装质量问题，请凭购书发票与质检部联系调换
联系电话：010—65050585